21 世纪本科院校电气信息类创新型应用人才培养规划教材

电子技术实验教程

主 编 马秋明 黎翠凤
参 编 丁 宏 张玉玲 刘姝延
李艳玲 邱相艳
主 审 赵继德

北京大学出版社
PEKING UNIVERSITY PRESS

内 容 简 介

本书是以培养符合当代社会发展的应用型人才为目标，结合我校电工电子实验教学中心的电子技术实验教学设备及多年积累的教学改革经验而编写的。实验内容有验证性实验、设计性和综合性实验。验证性实验中的每个实验都给出了预习要求、选做内容和思考题，让实验者有足够的自由发挥空间；增加了故障排查和解决方法，这是书中的一大亮点。模电实验和数电实验分别设置了 Multisim 仿真实验和可编程逻辑器件实验，利用了先进的计算机仿真技术，实现了软件仿真与硬件电路设计的完美结合。本书还缩小了基础性实验的比例，增大了设计性和综合性实验的比例，实现了由点到面、由简单到复杂、从单元到综合的实验教学知识结构。学生通过电子技术实验教学训练，可为后续课程的学习和将来从事与电子技术相关的工作奠定良好的基础。

本书适合作为高等院校本、专科电气信息类专业的配套实验教材，也可作为职业技术院校相关专业电子技术实验的参考书。

图书在版编目(CIP)数据

电子技术实验教程/马秋明，黎翠凤主编．—北京：北京大学出版社，2014.8
(21 世纪本科院校电气信息类创新型应用人才培养规划教材)
ISBN 978-7-301-24449-4

Ⅰ.①电…　Ⅱ.①马…②黎…　Ⅲ.①电子技术—实验—高等学校—教材　Ⅳ.①TN-33

中国版本图书馆 CIP 数据核字(2014)第 144600 号

书　　名：电子技术实验教程
著作责任者：马秋明　黎翠凤　主编
策 划 编 辑：程志强
责 任 编 辑：程志强
标 准 书 号：ISBN 978-7-301-24449-4/TM・0061
出 版 发 行：北京大学出版社
地　　址：北京市海淀区成府路 205 号　100871
网　　址：http://www.pup.cn　新浪官方微博:@北京大学出版社
编辑部邮箱：pup6@pup.cn
总编室邮箱：zpup@pup.cn
电　　话：邮购部 62752015　发行部 62750672　编辑部 62750667　出版部 62754962
印 刷 者：北京虎彩文化传播有限公司
经 销 者：新华书店
787 毫米×1092 毫米　16 开本　11.5 印张　258 千字
2014 年 8 月第 1 版　2024 年 7 月第 7 次印刷
定　　价：26.00 元

前　　言

电子技术是一门应用性、实践性很强的学科。本书是为21世纪高等学校电气、电子类和其他相近专业编写的"电子技术"实验教材，是在参考了一些普通高校的电子技术实验教学大纲的基础上，结合我校电工电子实验教学中心的电子技术实验教学设备及多年积累的教学改革经验而编写的。本书的实验内容分为基础型实验、综合型实验和设计型实验三个层次，并强调硬件实验和EDA实验相结合，充分利用了计算机的辅助设计功能，目的在于加强学生基本实验技能的同时，提高学生的工程实践能力、设计与创新能力以及计算机应用能力，为培养应用型人才打好基础。

本书共分为四部分，其中第一部分(第1章)为电子技术实验预备知识，重点介绍电子技术实验的基础知识。第二部分(第2章)为模拟电子技术实验，共有13个实验。第三部分(第3章)为数字电子技术实验，共有12个实验。第2章和第3章的每个实验都给出了预习要求、选做内容和思考题，让实验者有足够的自由发挥空间；验证性实验中增加了故障排查和解决方法的内容，以提高学生分析和解决实际问题的能力。

本书建议授课总学时为36学时，其中模拟电子技术实验和数字电子技术实验各18学时，任课教师可根据具体情况灵活安排每个实验的学时数。

本书由马秋明和黎翠凤主编，其中马秋明负责编写第1章、第2章(2.1、2.2)；黎翠凤负责编写第2章(2.10、2.11、2.12、2.13)及第3章(3.2)。参加本书编写的还有丁宏第2章(2.6、2.8)；张玉玲第2章(2.3、2.4、2.5、2.7、2.9)；刘姝延第3章(3.3、3.7、3.8、3.10)；李艳玲第3章(3.1、3.4、3.5、3.6)；邱相艳第3章(3.9、3.11、3.12)。

本书由鲁东大学赵继德教授主审，其他教师在编写的过程中也提出了一些宝贵的意见和修改建议，在此表示衷心的感谢！

由于编者水平有限，书中不妥之处在所难免，敬请各位读者批评指正。

编　者

2014年5月

目　录

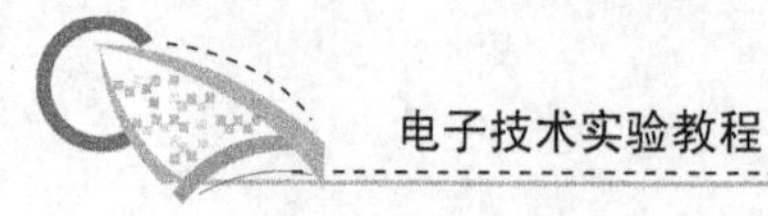

第1章

电子技术实验预备知识

在进行电子技术实验之前，学生应先了解电子技术实验的相关要求，掌握实验室的安全操作规范及电子技术实验的基本过程，本章将重点从以上几个方面介绍电子技术实验的预备知识。

本章教学要点

知识要点	掌握程度	相关知识	工程应用方向
电子技术实验要求	了解	选择电子元器件，熟练使用常用仪器，电路的组装、测量、调试，排查故障，掌握软件仿真方法，书写规范的实验报告	模拟电路及数字电路
实验室的安全操作规范	掌握	人身安全，仪器设备及器件安全	模拟电路及数字电路
电子技术实验的基本过程	掌握	实验前的准备工作，连接电路，测试与分析数据，实验后的总结	模拟电路及数字电路
电子技术的设计型实验的步骤	掌握	明确任务和性能指标，做总体设计、单元电路设计、仿真调试和版图设计、安装调试、测试性能指标、做总结报告	模拟电路及数字电路

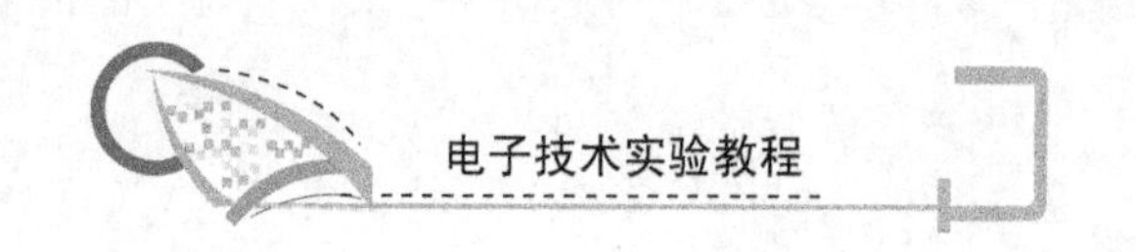

1.1 电子技术实验的性质和意义

电子技术实验（包括模拟电子技术实验和数字电子技术实验）是电子技术课程的重要组成部分，它的主要任务是培养学生的基本实验技能、电路的综合应用与设计能力以及使用计算机的能力。电子技术实验严格的工程训练和技能培训，能够提高学生的工程素质和创新能力，在人才培养过程中起着不可替代的作用，为后续课程和今后从事与电子技术相关的工作奠定了良好的基础。

验证型实验是针对电子技术基础理论而设置的。它主要以电子元器件的特性、参数和基本单元电路为主，除了验证电子技术的有关原理、巩固加深某些重要的基础理论外，还能够帮助学生认识现象，掌握基本实验知识、实验方法和实验技能，培养学生一定的安装、调试、分析及寻找故障等基本技能。验证型实验的题目一般比较简单，现象等都属于已知范围，对于在实验中可能出现的现象和结果，应预先做出分析和估计。

综合型实验要求学生能根据所学知识进行简单的知识综合应用，使学生了解各个功能电路之间的相互关系，掌握功能电路之间参数的衔接匹配关系，综合运用所学理论解决较复杂的实际问题的能力。

设计型实验既有综合性又有探索性，它主要侧重于理论知识的灵活运用。设计型实验是根据给定的课题和特定功能电路的性能指标，要求学生自行设计电路，选择合适的元器件，采用仿真软件对设计方案进行仿真，验证性能指标正确后方可搭设电路，并按设计方案对其进行测试、调整，最终使电路达到设计要求。要求学生在教师指导下独立进行查阅资料、设计方案、组织实验、写出报告等工作。

仿真实验是使用计算机辅助分析和设计工具来分析与设计电路，加深了电路原理、信号流通过程、元件参数对电路性能的影响的了解，学会电子电路现代化的设计方法，已成为电类本科生必须具备的基本能力。仿真实验克服了硬件实验元器件和材料消耗大、实验周期长、消耗人力大和无法胜任大规模、超大规模集成电路的设计任务等缺陷。在实验中软件的使用以自学为主，再结合具体题目，培养学生对新知识掌握和应用能力。

1.2 电子技术实验的一般要求

通过实验培养学生的动手能力、独力操作能力和创新能力，要求学生熟悉电子技术应用中常见的典型元器件的应用，要学会使用常用的电子仪器，掌握电子电路的分析、组装、调试、故障排除及设计的方法，掌握常用电子电路计算机辅助设计软件的使用方法，利用仿真软件，能够根据技术要求设计功能电路、小系统，从而培养学生分析和解决实际

问题的能力。其具体要求如下。

(1) 掌握选择并识别电子元器件且正确使用元器件和查阅电子元器件手册的能力。电子元器件品种繁多且不断更新，要求学生根据自己的需要选择合适的元件并测试元件的好坏，并会用其他元器件替换。只有熟悉电子元器件的性能、用途、技术参数、使用方法、更换方法及典型应用，才能设计和制作出合格的电路。电子元器件手册提供了元器件技术参数，因此电类专业的学生必须学会如何查阅器件手册。通过各种器件手册，可以不断了解许多新的器件，有利于设计和制作电路以及维修电路，同时可以扩展知识，提高实践能力。

(2) 正确选择并熟练使用常用仪器，掌握电子测量技术。只有选择与实验电路特性相应的测试仪器，才可能取得正确的测量结果。对于电类学科的学生来说，正确调整和采用合理的测量方法使用电子仪器，是电类实验和科学研究的基础，也是培养学生实验能力的重要内容之一。要求正确使用常用电子仪器，如示波器、信号发生器、万用表、稳压电源、频谱仪、失真度分析仪等。电子技术实验主要完成电压或电流的波形、频率、周期、相位、有效值、峰值、脉冲波形参数、失真度、频谱以及电子电路主要技术指标的测量。

(3) 具有一定的电路的组装、测量、调试等基本技能。电路的组装技术是电子电路实验的基本教学内容和必须掌握的一项基本技术，它直接影响电路的基本特性和安全性。正确的组装方法和合理的布局，不仅使电路整齐美观，而且能提高电路工作的可靠性，便于检查和排除故障。

(4) 熟悉一些常见的故障排查、排除方法。准确地分析、寻找、排除故障而调试好电路，对从事电子技术及其有关领域工作的人员来说是不可缺少的基本技能。实验中出现故障是正常现象，并不是件无益的事情，相反在排除故障的过程中可以提高分析问题、解决问题的能力，找到改进实验的途径，并提高实验的兴趣。

(5) 要求学生掌握常用电子电路计算机辅助设计软件的使用方法，利用仿真软件能够根据技术要求设计功能电路、小系统。电子系统的计算机仿真已经成为电子工程技术人员的基本技术和工程素质之一。通过仿真实验教学，使学生掌握各种仿真软件的应用、具有的功能特点，学会电子电路现代化的设计方法。以电子计算机辅助设计为基础的电子设计自动化技术已经渗透到电子系统和专用集成电路设计的各个环节中。

(6) 要求学生具有独立解决问题的能力，能独立地完成相应的设计任务（查阅资料、方案确定、元器件选择、仿真验证方案正确后安装调试），从而提高学生设计电路的水平，培养学生实验技能和解决实际问题的能力。

(7) 能够独立撰写出严谨、有理论分析、实事求是、文理通顺、字迹端正的实验报告，具有一定的处理数据和分析误差的能力。实验报告是实验课学习的重要组成部分。通过书写实验报告，可为学生将来从事科学研究以及工程技术开发的论文撰写打好基础。

1.3 实验室的安全操作规范

实验者必须具备一定的安全常识，进入实验室后要遵守实验室的规章制度和安全规则，才能避免发生人身伤害事故，防止损坏实验仪器设备。

1. 人身安全

在实验操作过程中，应遵守安全操作规则，避免造成触电等不必要的人身伤害，甚至危及生命的情况发生，确保人身安全。

(1) 实验时不允许赤脚，注意人体应与大地之间有良好的绝缘，要逐步养成单手进行操作的习惯。

(2) 实验前应清楚电源开关、熔断器、插座的位置，了解正确的操作方法，并检查其是否安全可靠。

(3) 检查仪器设备的电源线、实验电路中有强电通过的连接线等有无良好的绝缘外套，其芯线不得裸露。

(4) 实验时接线要认真，相互仔细检查，确定无误才能接通电源，当初学或没有把握时，应由指导教师审查同意后再接通电源。

2. 仪器设备及器件安全

(1) 在使用仪器设备前，应认真阅读使用说明书，掌握仪器的使用方法和注意事项。

(2) 仪器设备电源打开后，不要急于测量数据和观察结果，先进行通电观察，检查有无异常，包括仪器、元器件有无打火冒烟现象，是否闻到异常气味，用手摸元器件是否发烫等现象。如发现异常，应立即关断电源，查清原因，排除故障后方可重新通电。

(3) 为了确保仪器设备安全，在实验室电柜、实验台及各仪器中通常都安装有电源熔断器。常用的熔断器有0.5A、1A、2A、3A、5A等几种规格，应注意按规定的容量调换熔断器，切勿随意代用。

(4) 实验中不得随意扳动、旋转仪器面板上的旋钮和开关，需要使用时也不要用力过猛地扳动或旋转。

(5) 当换仪器、插拔器件、改接线路时，必须先切断电源。

(6) 结束后，通常只要关断仪器设备电源即可，不必将仪器设备电源线拔掉。

1.4　电子技术实验的基本过程

对于一般的电子技术实验，不论是基础实验，还是综合、设计型实验，尽管实验的目的和内容不同，但都具有相同或相似的实验过程：实验前的准备、实验过程、实验后的总结。

1. 实验前的准备

实验前的准备工作做得是否充分，对实验结果有很大的影响。为了能在实验中有效地完成实验任务并取得理想的实验结果，也为了避免盲目进行实验，实验者对实验目的、要求、内容以及与实验内容有关的理论知识都要真正做到心中有数，并且预先拟定好实验步骤，只有在完成实验预习报告后，才可以说做好了实验前的准备工作。预习报告一般包括以下内容。

(1) 实验名称，明确实验目的，弄清楚本次实验要做什么和怎么做。

(2) 验证型实验：首先，将实验内容所涉及的知识进行归类，在教科书上找到相应的部分，熟读，要重点掌握实验思路、实验原理、步骤。弄清各元器件的作用，查阅有关资料，对实验所用的元器件，根据器件手册查出所用器件的外部引脚排列、主要参数、功能等；对实验所用的仪器设备要了解清楚其功能、使用方法、注意事项和测试条件(需要输入的信号种类、频率、幅度等)。要具体计算出电路各项指标的理论值，或估计其输出结果并进行仿真分析，以便实验过程中随时检验实验结果与理论值进行对比，为电路进一步调试打下基础。

(3) 设计型实验：要先进行电路设计，并写出设计思路、有关电路参数计算、选择和具体步骤(包括实验电路的调试步骤和测试步骤)，画出的电路图中的元器件符号要标准化，参数要符合系列化标准值。在经过检索相关技术资料后，完成初步设计，采用仿真软件对设计方案进行仿真，验证正确后方可搭设电路。

(4) 实验操作的具体步骤可以用流程图表示，务必简明扼要、不可逐字照抄；要自己设计实验数据记录表格等。

(5) 实验中应注意的问题，对实验思考题做出回答，最后要写出预习报告。

2. 电子技术实验过程

在做好实验预习准备后，方可进入实验室进行实验。每位参加实验者都应自觉遵守学校和实验室管理的有关规定。

1) 准备工作

(1) 进入实验室应按照编好的实验小组对号入座，以后每次实验座位要相对固定下来。

(2) 上实验课时首先要认真听老师讲解，明确实验中的有关问题。

(3) 实验开始前应先检查本组的仪器设备、连接线是否齐全和符合要求，元器件的标称值与性能参数是否符合要求，如有缺少或损坏应及时报告。

(4) 将仪器设备合理布置，以使用和操作方便，合理安排实验现场，以不影响他人为原则。

2) 实验电路连接

(1) 应根据电路原理图确定元器件的位置，元器件的摆放要紧凑、不重叠，并依据信号流向(输入端在左侧，输出端在右侧)将元器件顺序连接，引线应越短越好，避免引线间相互交叉，以免造成短路现象，引线也不应跨接在集成电路上，要从周围绕过。

(2) 在电路安装完毕后，要认真检查电路连线是否正确时，用数字万用表的蜂鸣器或用指针式万用表“Ω×1”档来测量，而且尽可能直接测量元器件引脚，这样同时可以发现接触不良的地方。同组人员要相互认真检查，在确定无误后，方可接入电源。

(3) 在直流稳压电源空载情况下，调整出所需电压，直流稳压电源的示数为参考，应以万用表所测为准，断电后按极性要求接入实验电路。

(4) 在信号发生器空载时调整好频率、电压，使其满足实验要求。信号发生器的示数为参考，应以示波器所测为准，断电后接入实验电路，注意和电路“共地”问题。所谓“共地”，是将电路中所有接地的元件都接在电源的地电位参考点上。“共地”是抑制干扰和噪声的重要手段。

(5) 用万用表检查电源、信号源输入端和地之间是否有短路现象，若有，则必须检查并排除后方可通电。

(6) 电源打开后，不要急于测量数据和观察结果，先进行通电观察，检查有无异常，包括仪器、元器件有无打火冒烟现象，是否闻到异常气味，用手摸元器件是否发烫等。如发现异常，应立即关断电源，查清原因，排除故障后方可重新通电。

3) 测试与分析数据

(1) 测试时，手不得接触测试笔或探头金属部位，以免影响测试结果。

(2) 对综合、设计型实验，先进行单元分级调试，再进行级联，最后进行整个系统的调试。

(3) 测量数据或观察现象要认真细致，实事求是。交流测量时应注意所用仪器的频率范围是否符合要求；合理地选择测量仪器的量程，认真记录，将实验测得的数据和波形记录在实验者自己设计的表格之内，作为原始实验数据。

每项实验内容完成后，应立即分析实验数据，及时与理论分析结果加以比较，误差是否在10%以内，如发现有较大差异，找出误差原因后，决定是否重新实验，或请指导教师共同查找原因，一般要先从电源电压值及连接是否正确开始，逐项检查各仪表、设备、元器件的位置、极性及连线是否正确，系统中所有仪表、设备、元器件的接地是否“共地”，

从实验方法、数据读测的方法和准确性以及各种外界干扰等方面寻找原因，出错原因排除后重新测量。

实验中测量的原始数据应交指导教师检查，数据如果有误，需重新测量；教师检查数据正确并签字后，方可改接电路继续实验或最终拆除线路。

（4）实验时每组同学应分工协作，轮流接线、记录、操作等，使每个同学受到全面训练。

4）实验结束

（1）实验结束后，先关掉仪器设备电源，再关掉实验电路供电电源，最后拆掉实验连线，手要捏住导线的底部，以防导线断开。

（2）把仪器放置整齐，连接线归拢好，清点仪器设备，整理好实验台，并将实验元器件交给指导教师后，方可离开实验室。

（3）当发生仪器设备损坏事故时，应及时报告指导教师，按有关实验管理规定处理。

（4）每次实验结束，留5名值日生打扫卫生。

3. 实验后的总结

当实验完成后，实验者必须撰写实验报告。撰写实验报告的过程是对实验进行总结和提高的过程。通过这个过程可以加深对实验现象和内容的理解，更好地将理论和实际结合起来，这也是提高表达能力的重要环节。撰写技术文件是工程技术人员应有的素质和能力。

实验报告的基本要求：结论简明且正确、分析合理、讨论深入、文理通顺、符号标准、字迹端正、图表清晰。实验报告主要包含以下内容。

（1）实验标题。其应列在报告的最前面，包括实验名称，实验者的班级、姓名、同组人的姓名、实验日期。

（2）目的。用简短的文字叙述实验的目的。

（3）原理。简单说明原理，原理内容应通过阅读教材及参考书，应该用自己的语言进行归纳阐述，文字务必清晰、通顺。写明所用的公式，简要的推导过程，如果在正文中出现对该公式的利用和描述，则必须给公式编号。画出必要的实验原理图及连线图，图必须有图题，标注于图下方中间。如果图不止一张，应依次编号，安插在相应的文字附近。

（4）仪器设备、元器件的清单列表。在科学实验中，所使用的仪器直接影响实验数据的可靠性和准确性，仪器设备是根据实验原理要求来配置的，书写时应记录仪器的名称、规格型号、数量以及仪器设备生产厂家、出厂编号，以便在核查实验结果时提供可靠依据，根据实验室实际情况如实记录，实验中普通连接导线不必记录，或写上导线若干即可，但特殊的连接电缆必须注明。这样记录也是为其他人员能得到相同的实验结果重复这一实验提供条件。

（5）内容及操作步骤。概括性地写出实验的主要内容或步骤，特别是关键性的步骤和

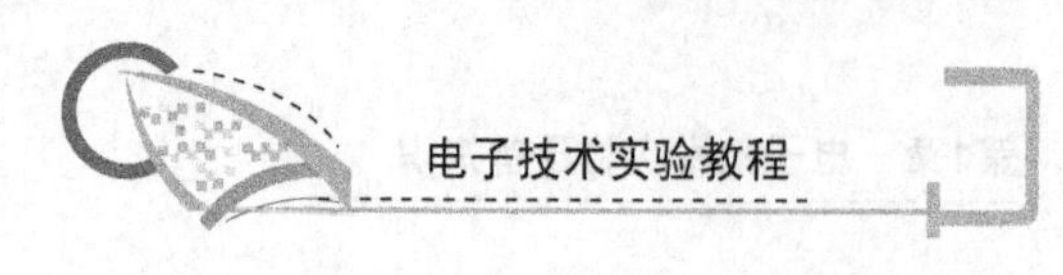

注意事项。

(6) 设计记录实验数据(测试数据、波形、现象)的表格。用实验报告纸书写记录，要认真整齐，之后可作为实验报告的一部分。测试数据特别注意有效数字的位数，标明各物理量的单位，必要时要注明实验的测量条件。实验的原始数据应有指导教师签字，否则无效。多次测量或数据较多时一定要对数据进行列表，表必须有表题，标注于表格上方中间。如果表不止一张，应依次编号，安插在相应的文字附近。除实验测试数据和有关图表同组者可以互相采用外，其他内容每个实验者都应独立完成。

(7) 数据处理。对实验数据进行计算、绘图、误差分析等。计算时，要将原始数据代入计算公式，不能不代入数据，在公式后直接给出结果。所测量的实验结果应与理论值或标称值进行比较，求出相对误差，要分析产生误差的原因并提出减少实验误差的措施。千万不要为了接近理论数据，而有意修改原始记录。

(8) 结果(或结论)。总结实验完成情况，对实验方案和实验结果做出合理的分析，对实验中遇到的问题、出现的故障现象，分析其原因，写出解决的过程、方法及其效果，简单叙述实验的收获和体会。

1.5 电子技术的设计型实验

电子技术设计型实验是在基础实验基础上进行的综合型实验，其重点是电路设计和调试。其主要教学目的是通过设计型实验的训练，在实践中培养学生综合运用所学知识解决实际工程问题的能力，培养学生创新能力。

首先要面对题目做认真的分析，明确任务和性能指标，然后做总体设计。在整体方案确定后，便可设计单元电路，确定单元电路的连接方式，选择元器件，画原理图，使用自动化设计软件对所设计的电路性能仿真和优化设计后，对电路安装调试，并对技术指标进行测试，当技术指标满足要求后，撰写实验报告。具体一般要完成如下几个步骤。

1. 电路设计

1) 总体方案设计

寻找一定功能的若干单元电路构成一个整体，满足题目的各项性能指标，这个过程被称为总体设计的过程。设计的途径不是唯一的，满足方案的要求也不是一个，为得到一个满意的设计方案，往往要针对要求，大量查阅资料，手册等工具书，设计方案可以多个，经过设计—验证—再设计，多次反复过程，比较各方案的优缺点和可行性，最终确定1～2个方案。在方案的选择过程中，可用框图表示总的原理图。

2) 单元电路设计

这是整个电路设计的实质部分。将每一部分按照总体框图的思想及要求进行设计，才

能保证整体表电路的质量。单元电路的设计分为以下三步。

(1) 根据总体方案对单元的要求，明确单元电路的性能指标。注意各单元电路之间的输入输出信号关系，尽量避免使用电平转换电路。

(2) 选择设计单元电路的结构形式。通常选择学过的熟悉的电路，或者通过查阅资料选择更合适更先进的电路，在此基础上调试改进，使电路的结构形式更佳，设计方案应考虑制作的可行性，包括元器件是否能够采购到，做出单元电路的文字说明、电路原理图、基本操作或控制程序等。

(3) 计算主要参数，选择元器件。在确定元件参数的额定值时，要留有一定的富余量，使其在低于额定值的条件下工作。在满足设计要求的前提下，尽可能减少元器件的品种和规格，提高器件的复用率。了解元件的体积形状、封装方式等。对于元件最重要的4个要素是功能、速度、精度和价格。在满足功能、性能的条件下，尽量选择市面流行或大公司的合乎标准的、价钱便宜的产品。元件采购清单应提供元器件的名称、型号及规格、数量、替代型号及规格。

(4) 对单元电路进行EDA仿真，对不满足性能的参数进行调整。

3) 仿真调试和版图设计

对总体电路进行EDA仿真。充分利用各种EDA工具，应采用先仿真、后实验、先虚拟、后硬件的方法。经过严格的仿真与设计的电路一般是正确、合理、有把握的，但也有一些电路受器件模型精度及仿真软件的缺陷或限制，仿真结果与实际电路测试有较大差异。对某些关键的部分可以做些局部的硬件实验。

4) 总体电路图和进行电路板(PCB板)图的设计

在完成单元电路的设计、参数计算、元器件选择和对单元电路仿真后，画出总体电路图。对设计好的电路进行电路板(PCB板)图的设计，通常设计者把印制电路板的文件提供给专业生产厂家来制作电路板，元器件少、引脚越少的电子电路的组装、调试在万能板或面包板上搭建电路。

2. 安装、调试和测试性能指标

1) 安装前的检查

对所用元件的数量、种类、型号是否正确并对元件应该进行测试。

2) 调试前的检查

在制好的电路板上装配元器件，注意器件的引脚排列，安装好后，进行外观检查、安全检查。

(1) 外观检查主要是看元器件的规格和型号是否和电路中标出的型号、规格相符合。检查元器件引脚有无短路和接触不良的现象。

(2) 安全检查主要是检查超过36V安全电压的导线、开关和插件是否裸露在人体可接触的地方；检查电源和地之间是否短路；检查电源极性、信号源连线是否正确。

3）调试

调试是以达到电路设计为目的而进行的一系列的测量—判断—调整—再测量的反复过程。调试包括测试和调整两个方面。为了使调试顺利进行，应在设计的总电路图上标明各点的电位值、相应的波形图等主要数据。调试先进性分级调试，然后对系统联调(总调)，即把组成电路的基本单元先调试好，在此基础上逐步扩大调试范围，最后完成整个电路调试。调试中如果发现问题，还可以将各单元电路的任务及技术指标适当调整，使其满足整体电路的要求。

设计型实验调试的步骤与基础型实验调试的过程大体一致，具体步骤如下。

(1) 通电观察。把测量后的直流电源接入所设计电路中(以测量值为准)，应先观察是否有异常现象，如有无冒烟、异常气味、手摸元器件是否发烫。如出现异常应，应马上切断电源，故障排除后，方可再次接通电源。这时，要以电源地为参考点，测量总电源电压值、各元器件所加电源电压值和各器件的地引脚的电位，以保证元器件正常工作。

(2) 静态调试。这是指在没有外加输入信号(只加固定电平)的条件下进行的直流量测试和调整过程。用万用表测试模拟电路中的静态工作点，判断电路静态值是否满足需要；测数字电路中各输入和输出端的高低电平值，判断逻辑关系是否正确。这样，可以及时发现元器件是否损坏，判断电路的工作状态，及时调整电路中不满足条件的参数。

(3) 动态调试。动态是指在电路输入信号不为零。动态调试在静态的基础上进行的。静态是基础，动态是目的。在电路的输入端加入适当的频率和幅度的信号，沿着信号的传递的方向，逐级检测各测试点的输出信号波形、参数和性能指标。若发现问题及时调整，使之达到设计要求。用示波器可以同时观察被测信号的直流和交流成分，把示波器的垂直输入方式选择直接耦合方式“DC”就可以了。

静态和动态调试结束后，重新画总电路图，把总电路中改动过的参数重新标注清楚。

3. 总结报告

总结报告主要内容包括以下几部分。

(1) 课题名称。

(2) 设计任务、指标和要求。

(3) 比较和选择电路设计的方案，画出系统原理功能框图和简要说明。

(4) 单元电路的设计、重要的理论分析和算法元器件选择和电路参数说明以及 EDA 仿真结果或相关源文件。

(5) 要求画出安装调试后满足技术指标的电路的总体电路原理图、电路工作原理的说明，EDA 仿真结果或相关源文件。

(6) 组装调试所用的仪器和仪表。

(7) 记录实验测试数据或波形，并与计算结果和计算机仿真结果进行比较，对测试数据进行误差分析。

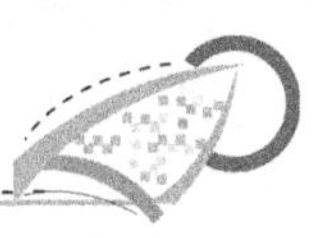

(8) 总结调试电路时所用的方法和调试过程中出现的问题，说明如何解决途径和方法。

(9) 列出设计电路所用元器件清单。

(10) 收获和体会，存在的问题和进一步改进意见。

(11) 列出参考文献。

4. 答辩

考查学生实际掌握的能力、表达能力以及设计过程中的学习态度、工作作风、科学精神和创新意识等。

第2章

模拟电子技术实验

将时间和幅度都连续的信号称为模拟信号，处理模拟信号的电子电路称为模拟电路，由于自然界中的信号绝大部分以模拟信号的形式存在(如语音、温度、心电信号等)，因此模拟电路的应用是十分广泛的。例如电子设备中必不可少的稳压电源、比较器和基准电路等，除了这些标准模拟电路，在消费类电子产品、计算机、通信、汽车和工业中还应用了大量的专用模拟电路。本章包含13个模拟电子技术实验，既包含集成运放的应用，又包含分立元件组成的模拟电路；既包括基础型实验，又包括设计型实验，使学生较为全面地掌握模拟信号的产生、放大、处理与运算，并掌握基本模拟电子电路的设计与测试。

本章教学要点

知识要点	掌握程度	相关知识	工程应用方向
NI Multisim 10 软件的放大电路仿真实验	掌握	在仿真软件中搭建电路、测试和仿真分析	电子线路仿真
集成运放构成的基本运放电路	重点掌握	理想集成运放的特点、同相比例运算电路、反相比例运算电路	模拟电路中信号的运算
有源滤波器	重点掌握	低通、高通、带通、带阻滤波器	信号的处理
晶体管共发射极放大电路	重点掌握	共发射极电路的构成与工作原理、静态工作点测试、动态性能指标测试	模拟信号的放大
射极输出器	掌握	射极输出器的构成与特点	模拟信号的跟随与放大
差分放大电路	掌握	单管共射放大电路的测试、差分放大电路的作用及性能指标	模拟多级放大器的前置级
负反馈放大电路	重点掌握	负反馈的分类、负反馈对电路性能的影响、单管共射放大电路的测试	模拟电路性能的改善
RC振荡电路	重点掌握	RC振荡电路的结构及工作原理	模拟信号的产生
集成函数信号发生器	掌握	ICL8038功能；电压比较器、触发器、缓冲器等电路的工作原理	模拟信号的产生
集成运放实现万用表功能	了解	桥式整流电路、集成稳压电路的工作原理、万用表的功能及使用方法	信号的测量
低频功率放大器	了解	低频功率放大器的工作原理	低频信号的功率放大
直流稳压电源	了解	单相桥式整流、电容滤波、集成稳压器电路	为电路提供直流电

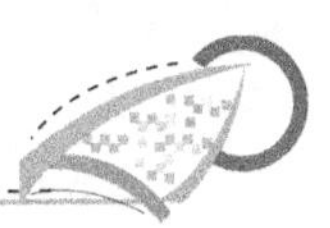

2.1　基于NI Multisim 10软件的放大电路仿真实验

一、实验目的

(1) 初步掌握NI Multisim 10软件的使用方法。

(2) 对反相比例放大电路和单管放大电路进行测试与仿真分析。

二、实验设备

装有Windows XP系统和NI Multisim 10试用版软件的PC一台。

三、实验内容及要求

内容：(1) 用示波器和波特仪对反相比例放大电路进行测试。

(2) 对单管放大电路进行仿真分析。

(3) 改变静态工作点，观察其对输出波形的影响。

要求：(1) 正确搭建电路。

(2) 掌握软件中信号发生器、示波器和波特仪等仪器的使用。

(3) 完成对反相比例放大电路和单管放大电路仿真测试。仿真电路图分别如图2.1和图2.2所示。

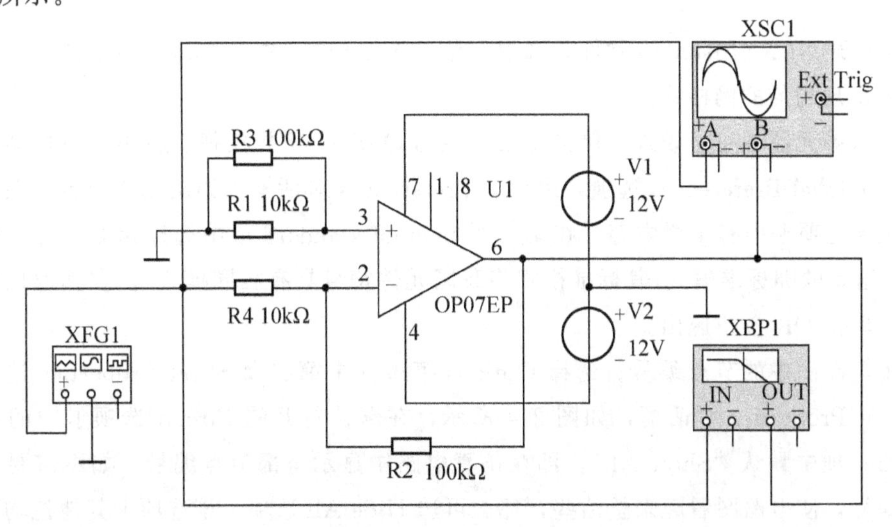

图2.1　反相比例放大电路

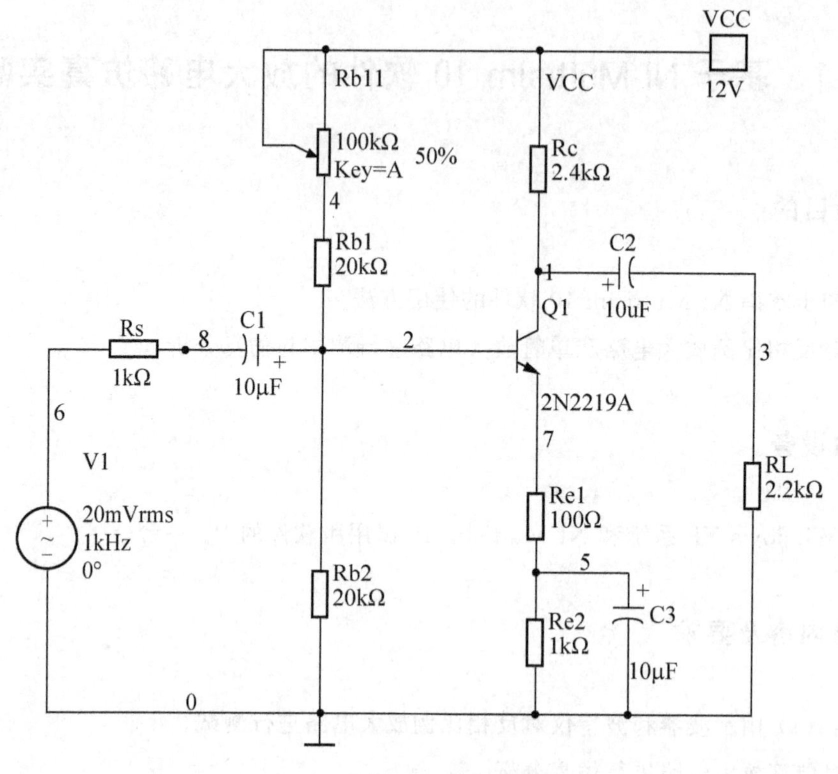

图 2.2　低频单管放大电路

四、实验步骤

1. 反相比例运算放大电路的电压放大倍数和幅频特性的测试

(1) 打开 NI Multisim 10 软件，选中主菜单 View 选项中的 Show Grid 选项，使得绘图区域中出现均匀的网格线。

(2) 选择元器件符号模式。单击主菜单栏的 Options 下拉按钮，将出现下拉菜单，选中第一项 Global Preferences 选项，出现了 Preferences 对话框，如图 2.3 所示，在默认打开的 Paths 选项卡中有 4 栏内容，在第二栏 Symbol standard 项中选择元器件符号模式为“DIN”，这是欧洲标准模式(其标准模式与我国元件符号具有相同模式)。在其他栏内容选择好后，单击 OK 按钮退出。

关于电路图中的节点编号。选择 Options 菜单项中第二项 Sheet Properties 选项，将出现 Sheet Properties 对话框，如图 2.4 所示，在默认打开的 Circuit 选项卡中的第二栏 Net Names 项中默认“Show All”，即在仿真电路中显示全部节点编号。如不需要显示所有节点编号，使电路图看起来整洁些，那么可选 Hide All 选项。该选项卡其他栏均可采用默认设置。

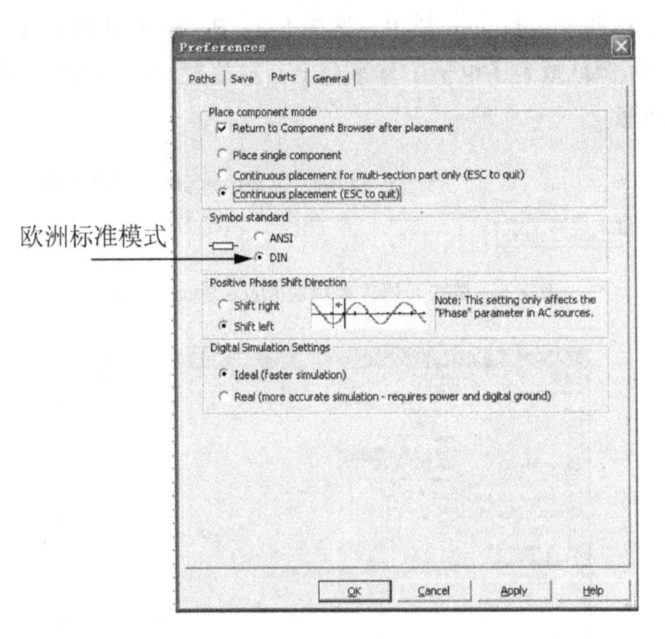

图 2.3　Preferences 对话框

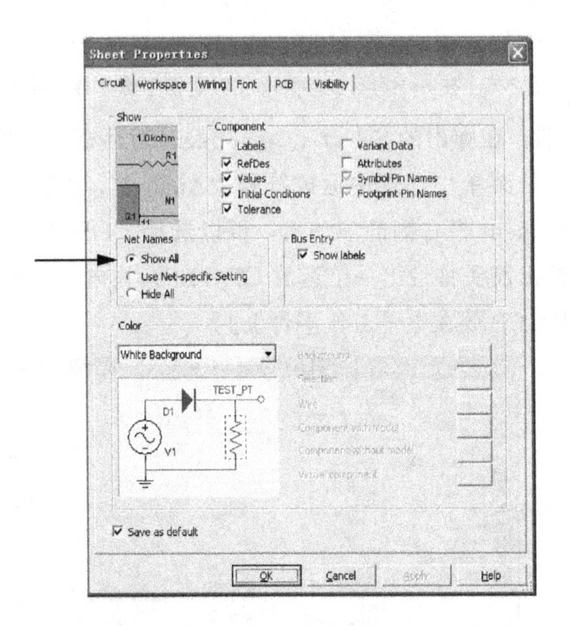

图 2.4　显示全部节点编号“Show All”

(3) 按照图 2.1 所示的电路图调出相应元器件。

① 放置“接地点”和直流电压源。把鼠标放在元器件库中左数第一个按钮上，将出现“Place Sources”，单击该按钮，如图 2.5 所示，将弹出 Select a Component 对话框，如图 2.6 所示，在右边的 Component 栏中选中 GROUND(接地点)选项，单击对话框右上角的 OK 按钮，“接地点”就放到了电子工作平台上。然后，再单击 Select a Component 对话框中的 OK 按钮，就又将一个“接地点”放到电子工作平台上；这时在弹出的 Select a

Component 对话框中的 Component 栏中，选中 DC _ POWER 选项，单击对话框右上角的 OK 按钮，直流电压源就放到了电子工作平台上，和放置“接地点”一样，电路图中需要放置两个直流电压源。

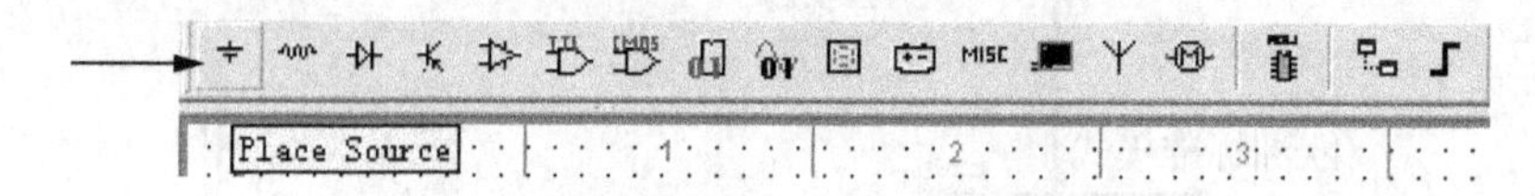

图 2.5　单击元器件库中的 Place Sources 按钮

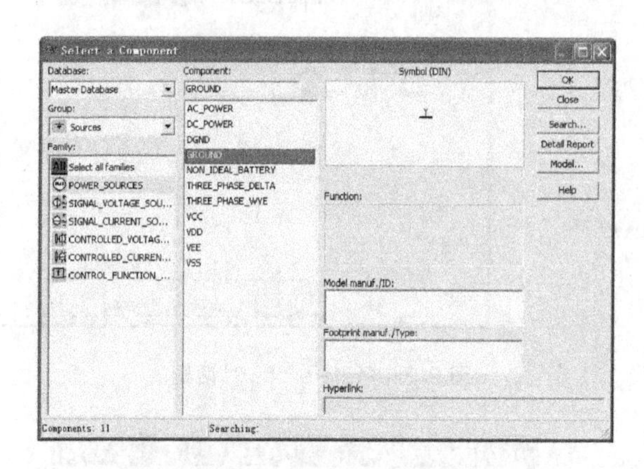

图 2.6　在 Select a Component 对话框中选“接地点”

② 放置运算放大器。在弹出的 Select a Component 对话框中，单击对话框左侧 Group 下拉按钮，在出现的下拉菜单中，选中运放符号“Analog”，如图 2.7 所示。然后，拉动 Family 栏右边的 Component 栏右侧的滚动条，可以选择“OP07EP”，再单击对话框右上角的 OK 按钮退出。鼠标箭头将带出一个运放 OP07EP，在电子工作平台上适当的地方单击即可将一个运放 OP07EP 放在电子工作平台上。

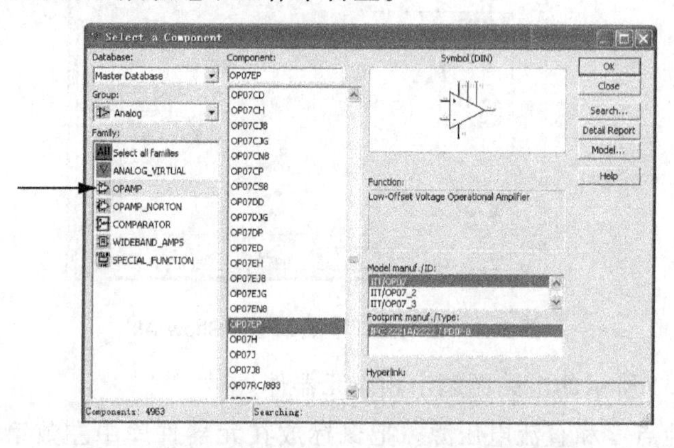

图 2.7　在 Select a Component 对话框中选运放

③ 电阻的放置。在弹出的 Select a Component 对话框中，单击对话框左侧 Group 下拉按钮，在出现的下拉菜单中，选中 Basic 选项，如图 2.8 所示，拉动 Family 栏右侧的滚动条选中电阻“RESISTOR”，然后拉动 Family 栏右边的 Component 栏右侧的滚动条，可以

选择从 1mΩ～5TΩ 范围内所列出的阻值的电阻。根据电路图，这里需要放置 4 个电阻。

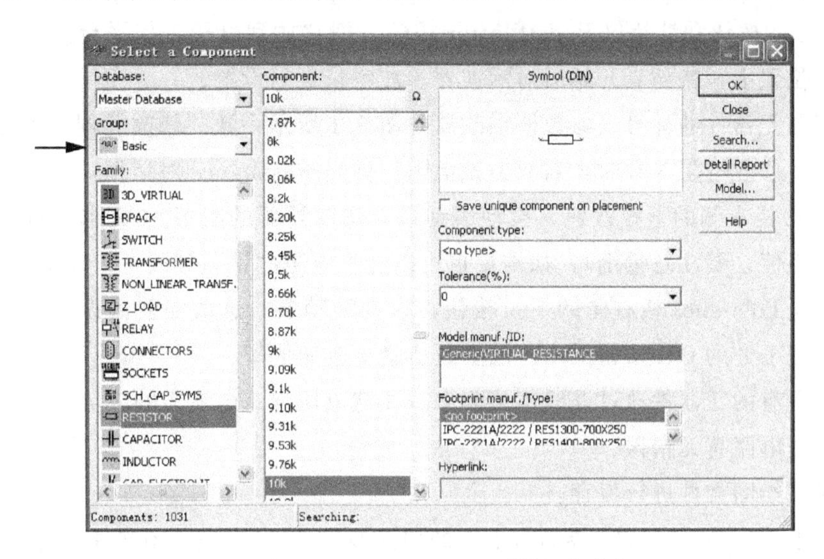

图 2.8　在 Select a Component 对话框中选电阻

(4) 测量仪器的调用和设置。

① 函数信号发生器。基本界面的最右侧单击仪器、仪表工具条中第二个按钮，即函数信号发生器 Function Generator 按钮，鼠标箭头将带出一个函数信号发生器，移动鼠标到运放 2 引脚附近后单击将其放到电子工作平台上，双击函数信号发生器图标 XFG1，将出现"函数信号发生器"面板，如图 2.9(a)所示，面板上放的波形"Waveforms"有 3 种，从左到右有正弦波、三角波和方波。在此以正弦波为例，单击"正弦波"按钮，再选择频率 Frequency 项的量纲，这里选择"kHz"。选择频率的数值，可单击上下箭头改变数值(适合微调频率)，也可直接在文本框中输入数值。在频率设置完后，设置函数信号发生器输出电压的幅值 Amplitude 项，同频率设置相同，先设置电压幅值的单位后再设置电压幅值数值大小，方法和频率的设置相同。

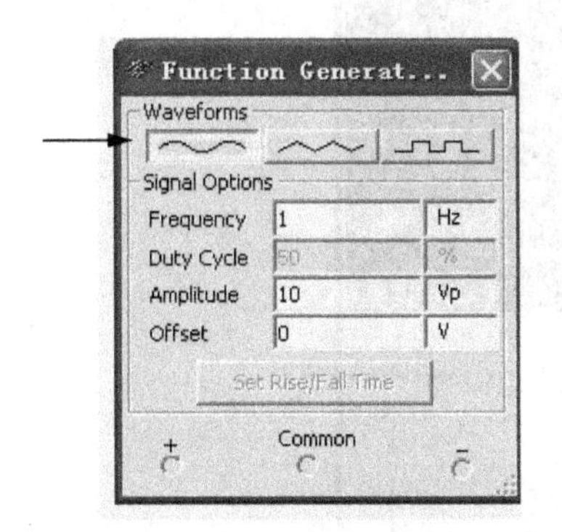

(a)"函数信号发生器"面板

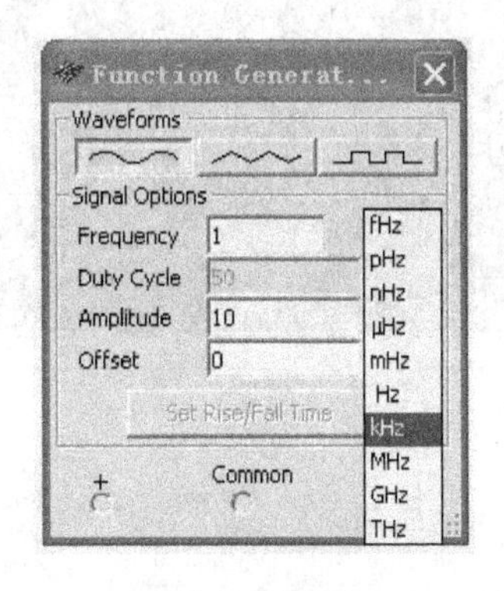

(b) 频率的设置

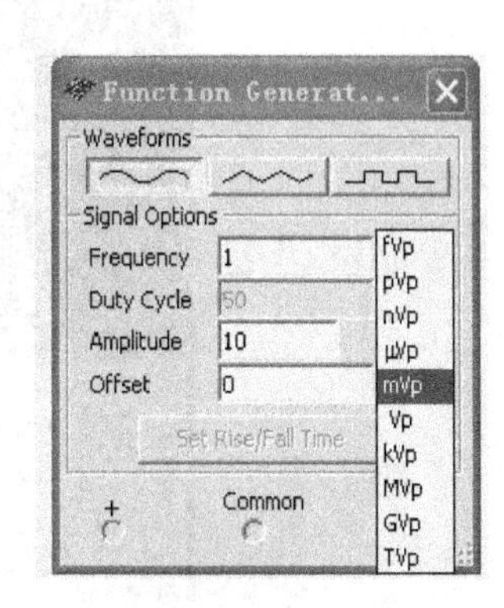

(c) 幅值的设置

图 2.9　函数发生器

② 调用示波器和波特仪。单击仪器、仪表工具条中第 4 个按钮和第 6 个按钮，即示波器 Oscilloscope 按钮和波特仪 Bode Plotter 按钮，把它放到电子工作平台便于电路连接与测量的相应位置上，待仿真开始后对示波器、波特仪进行设置。

(5) 将各元器件的标号、参数值也改成与图 2.1 所示一致。修改元器件参数，这里以电阻为例，在修改电阻参数时，需双击该电阻，弹出 Resistance 对话框，单击默认打开的 Resistance(R)栏右侧的下拉按钮，拉动滚动条，选取需要的阻值 10k(也可直接从键盘上输入需要的阻值，要注意量纲)；如需要也可以选择电阻的误差等级，只需单击 Resistance (R)栏下面的 Tolerance 栏右侧的下拉按钮，拉动滚动条，选取需要的误差等级即可，最后单击对话框下方的 OK 按钮退出，电阻数值就更改完成了。

(6) 将所有的元器件通过连线连接起来。注意电压源、电流表的正负极性。

(7) 检查电路有无错误。

(8) 对该绘图文件进行保存。

(9) 单击 NI Multisim 10 界面右上方的仿真按钮“1”对该绘图文件进行仿真。

(10) 示波器“Oscilloscope”的设置与求出电压放大倍数、频率：仿真开始后对示波器和波特仪进行设置。双击双踪示波器图标 XSC1，出现默认的黑色屏幕的放大了的示波器面板，如图 2.10 所示。单击示波器屏幕右下角的 Reverse 按钮后，屏幕颜色被切换成白色，如图 2.11 所示，在面板的右下角有示波器触发方式(Trigger)的选择，触发信号一般选择自动触发(Auto)“A”或“B”，并用相应通道的信号作为触发信号。

利用示波器左下角时基(Timebase)控制部分的刻度 Scale 项来调整波形的扫描时间，为 1fs/Div～1000Ts/Div 可供选择。X 轴位置“X Position”是控制 X 轴的起始点，调节范围是－5～＋5。

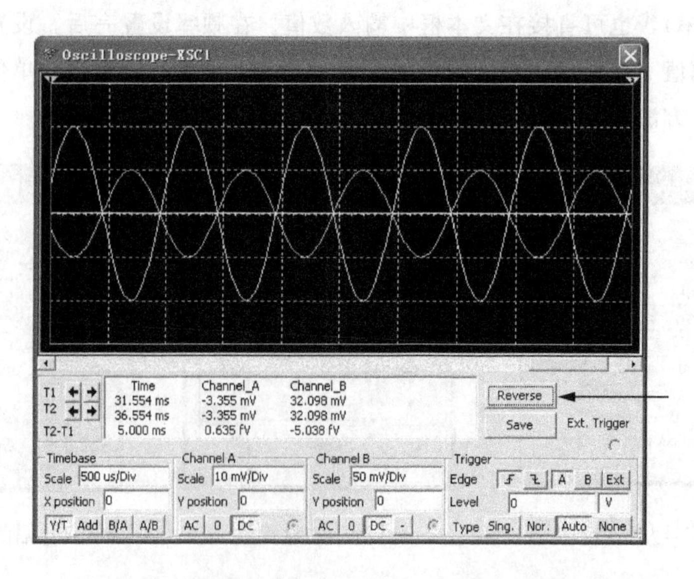

图 2.10　幅值的设置双踪示波器默认黑色屏幕面板

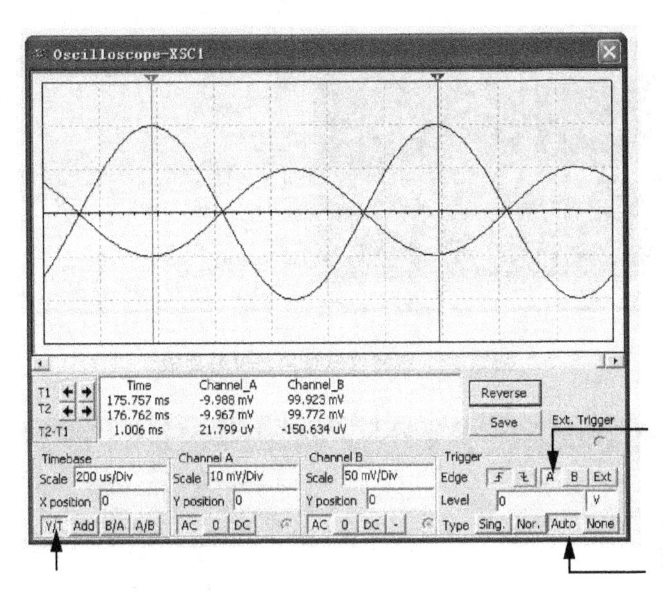

图 2.11　双踪示波器白色屏幕面板

面板最左下角是显示方式选择，默认“幅度/时间(Y/T)”方式，即X轴显示时间，Y轴显示电压值；Add方式是X轴显示时间，Y轴显示A通道和B通道的输入电压之和。此外，也可以选择“A通道/B通道(A/B)”或“B通道/A通道(B/A)”方式，即X轴与Y轴都显示电压值。利用指针可以方便读出波形的周期和幅值，图2.11所示的黑框中即所需读数，从而读出两路信号的幅值和周期，算出电压放大倍数和频率，把相应的数据记入事先设计好的表格中。

示波器输入通道(Channel A/B)设置，利用Y轴电压刻度Scale项来调整波形的幅度大小，为1fV/Div～1000TV/Div可供选择。Y轴位置“Y Position”是控制Y轴的起始点，当Y轴位置调到0时，Y轴的起始点与X轴的起始点重合，如果将Y轴的起始点增加到1，Y轴的原点位置从X轴向上移一大格；如果将Y轴的起始点减小到－1，Y轴的原点位置从X轴向下移一大格，调节范围是－3～＋3，改变A、B通道Y轴的位置有助于比较或分辨两通道的波形。

通道“Channel A”和“Channel B”最下方是信号耦合方式，当选择AC耦合时，示波器显示信号的交流分量；当选择DC耦合时，显示信号的AC和DC分量之和。当用0耦合时，在Y轴的原点位置显示一条水平直线。

(11) 波特仪“Bode Plotter”的设置：波特仪可以用来测量和显示电路的幅频特性和相频特性，仿真开始后对波特仪进行设置。双击波特仪图标XBP1，如图2.12所示，出现默认的黑色屏幕的放大了的波特仪面板，从左侧屏幕上可以看到放大电路的幅频特性曲线。单击该仪器右侧下方的Control栏中的Reverse按钮后，屏幕颜色被切换成白色，如图2.13所示；第三个按钮Set用来设置扫描的分辨率，单击Set按钮，将出现分辨率设置对话框，数值越大，分辨率越高。

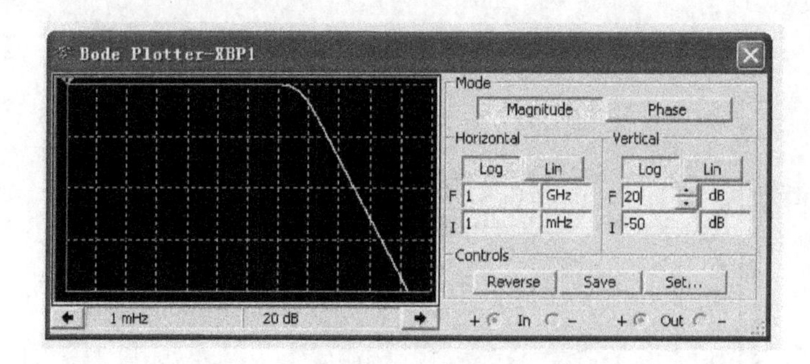

图 2.12 波特仪默认黑色屏幕面板

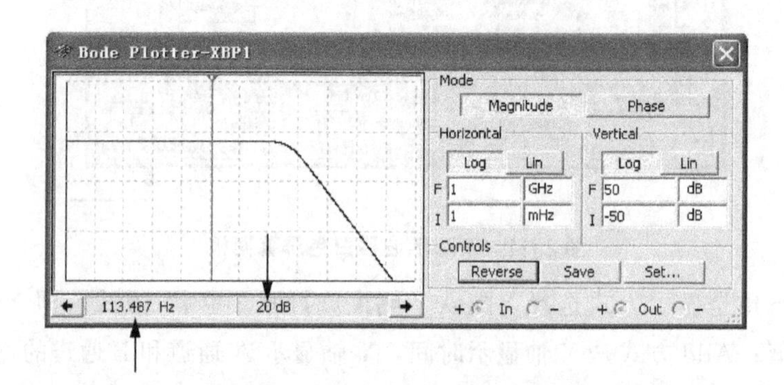

图 2.13 波特仪白色屏幕面板

① 波特仪坐标的设置，在水平坐标"Horizontal"和垂直坐标"Vertical"的控制面板图框内，软件默认选中 Log 按钮，坐标则以对数(以 10 为底)的形式显示；选中 Lin 按钮，则坐标以线性的结果显示。设置水平坐标"Horizontal"刻度(1μH～1TH)，水平坐标总是显示频率值。它的标度由水平轴的初始值(I Initial)和终值(F Final)决定。对于垂直坐标"Vertical"，当选择测量幅频特性时，垂直轴显示输出电压与输入电压之比。若使用对数基准，则单位为分贝；如使用线性基准，显示的是比值。当选择测量相频特性"Phase"时，垂直轴是以度为单位显示相位角。

②波特仪坐标数值的读出，可用鼠标拖动读数指针(垂直光标)到特性曲线上任意点上，指针与曲线的交点读取的频率、增益或是相位角的数值，将显示在波特仪屏幕下方的读数框中。如图 2.13 所示，在面板的左下方是反相比例放大电路幅频特性曲线指针所对应的频率和电压之比的最大读数，为 20dB。当向右拖拽面板中的指针，使该值下降 3dB 所对应的频率，即上限频率为 54.483kHz，如图 2.14 所示，把数据记入表格中。

2. 单管放大电路的仿真分析

(1) 按照图 2.2 所示的电路图调出相应元器件。

① 三极管。单击元器件库左数第 4 个三极管符号"Place Transistor"，如图 2.15 所示，调出三极管 2N2219A。

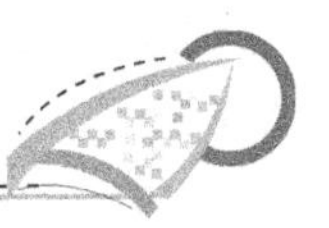

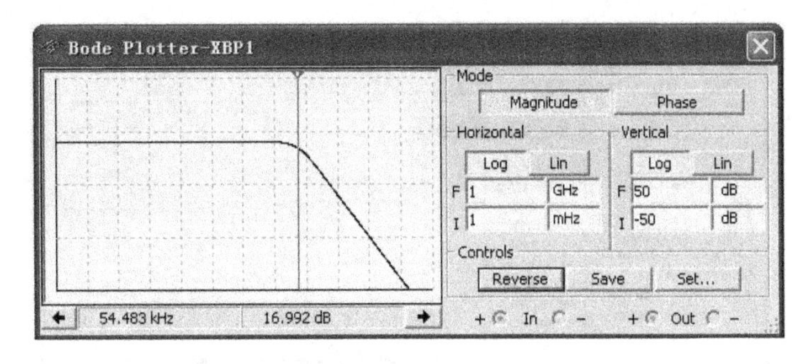

图 2.14 反相比例放大电路幅频特性曲线上限频率的测量

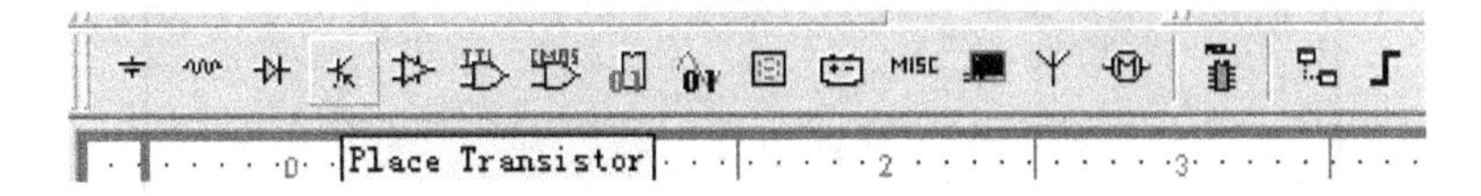

图 2.15 单击元器件库中的“Place Sources”

② 直流电源、“接地点”和交流电源。单击 Select a Component 对话框左侧 Group 下拉按钮，在出现的下拉菜单中，选中 Sources 选项，如图 2.16 所示，在 Component 栏中选择 VCC 选项和一个 Ground(接地点)，还在此对话框中选中 Family 栏中的 SIGNAL-VOLTAGE-SOU 选项，就可以调出交流电压源(图 2.17)。

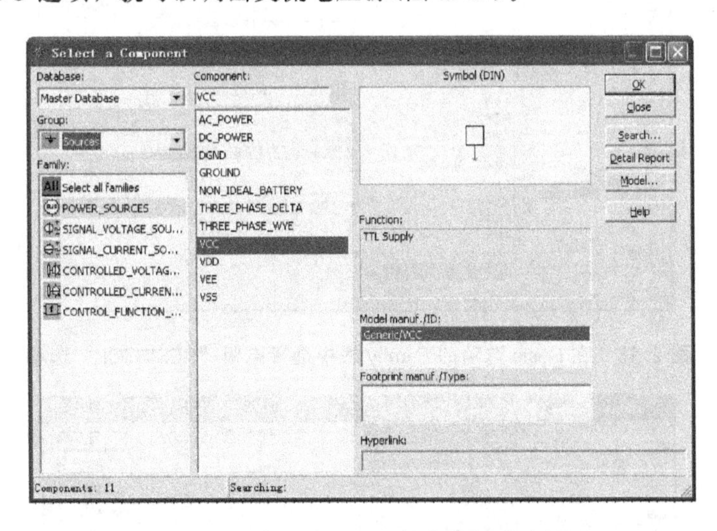

图 2.16 在 Component 栏中选择“VCC”

③ 电阻、电解电容和电位器。再单击 Group 下拉按钮，在下拉菜单中选择 Basic 选项，在 Family 栏中选择 RESISTOR 选项，调出 7 个电阻(图 2.18)；选择 POTENTIOMETER 选项，调出 1 个电位器(图 2.19)；选择 CAP-ELECTROLIT 选项，调出 3 个电解电容器。

(2) 将各元器件的标号、参数值也改成与图 2.2 所示一致。

(3) 将所有的元器件通过连线连接起来。注意：电解电容的正负极性。

(4) 进行直流工作点分析(DC Operating Point Analysis)。

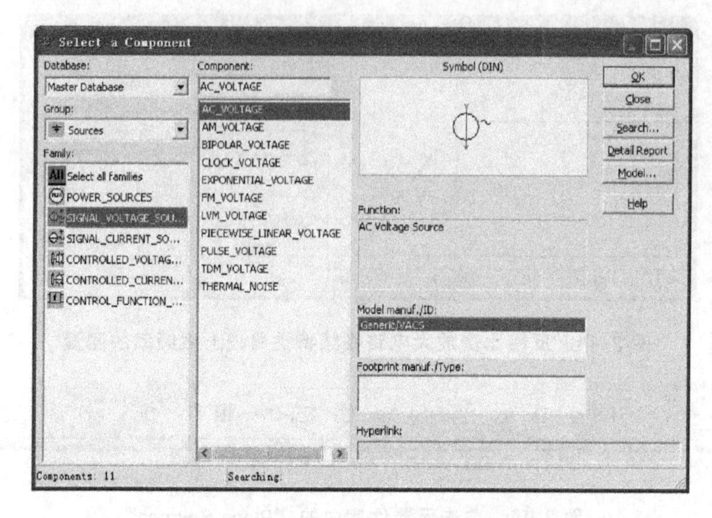

图 2.17　在 Family 栏中选择交流电压源

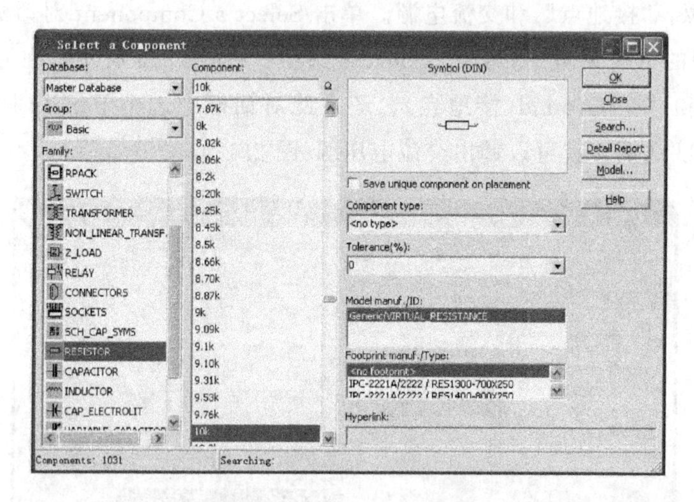

图 2.18　在 Basic 选项的 Family 栏中选择电阻“RESISTOR”选项

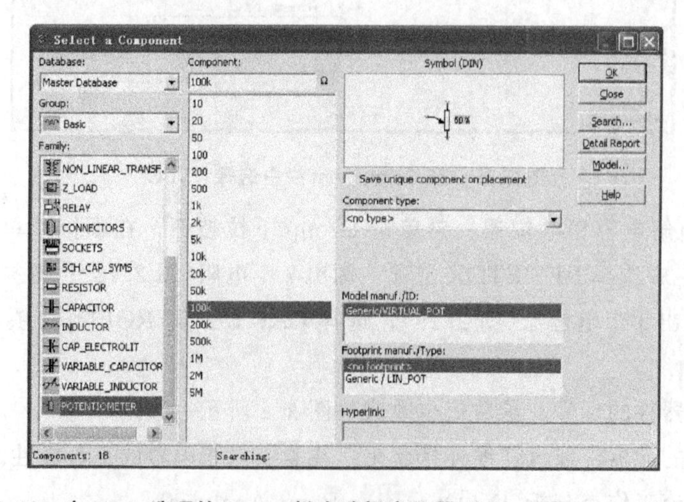

图 2.19　在 Basic 选项的 Family 栏中选择电位器“POTENTIOMETER”选项

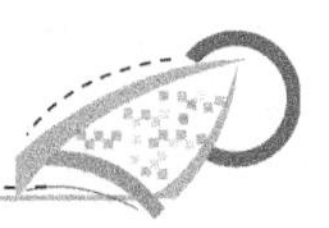

① 选择 Simulate→ Analyses→DC Operating Point 选项，如图 2.20 所示。出现 DC Operating Point Analysis 对话框，进入直流工作点分析状态，如图 2.21 所示，DC Operating Point Analysis 对话框有 Output、Analysis Options 和 Summary 共 3 个选项卡。

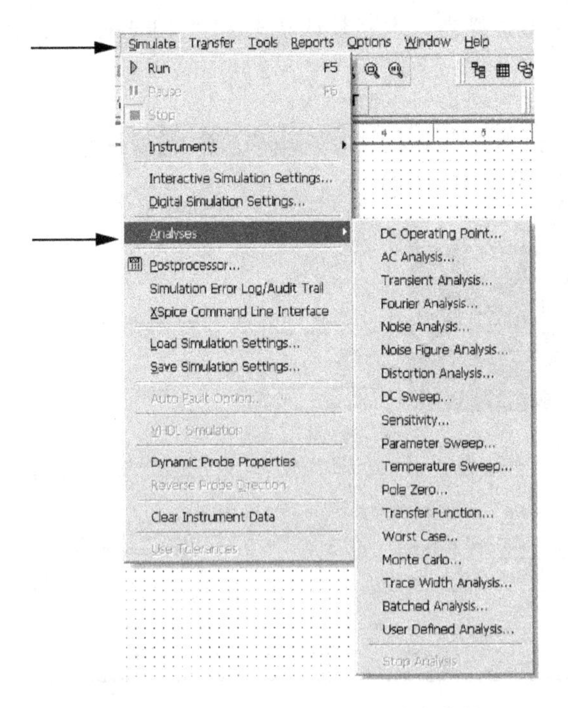

图 2.20　Simulate(仿真)分析功能菜单

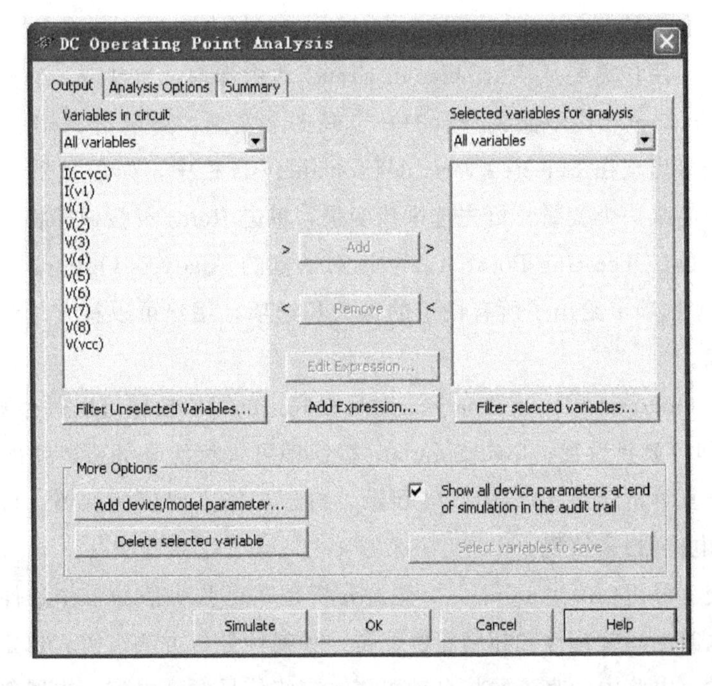

图 2.21　Operating Point Analysis 对话框

② 选择需要分析的节点和变量。在 DC Operating Point Analysis 对话框的 Output 选项卡中选择需要分析的节点和变量。如图 2.22 所示，在对话框的左侧的 Variables in Circuit 栏中列出的是电路中可用于分析的节点和变量。单击 Variables in circuit 栏中的下拉按钮，可以给出变量类型选择表，本栏默认状态为“All variables”，即选择电路中的全部变量。

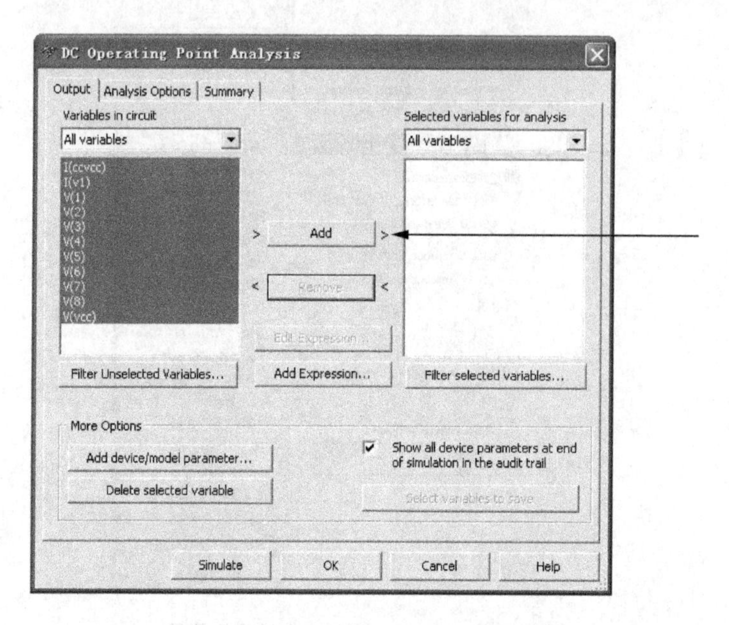

图 2.22　添加需要分析的节点和变量

在对话框的右侧的 Selected variables for analysis 栏中列出的是确定需要分析的节点，默认状态下为空，用户需要从 Variables in circuit 栏中选取，方法是：首先选中对话框左边的 Variables in circuit 栏中需要分析的一个或多个变量，再单击 Add 按钮，如图 2.22 所示。则所选变量出现在 Selected variables for analysis 栏中，如图 2.23 所示，如果不想分析其中已选中的某一个变量，可先选中该变量，单击 Remove 按钮即将其移回 Variables in circuit 栏内。DC Operating Point Analysis 对话框的 Analysis Options 选项卡使用默认值，而 Summary 选项卡给出了所有设定的参数和选项，用户可以检查确认所要进行的分析设置是否正确。

③ 单击 DC Operating Point Analysis 对话框底边的 OK 按钮可以保存所有的设置，单击 Cancel 按钮即可放弃设置；单击 Simulate 按钮即可进行仿真分析，弹出 Grapher View 对话框，得到仿真分析结果，如图 2.24 所示。对于工作点取值的调整，可以通过调节偏置电阻(即调整电位器)来实现。

(5) 进行交流分析(AC Analysis)。交流分析是在正弦小信号工作条件下的一种频域分析。它计算电路的幅频特性和相频特性，是一种线性分析方法。需先选定被分析的电路节点，在分析时，电路中的直流源将自动置零，交流信号源、电容、电感等均处在交流模

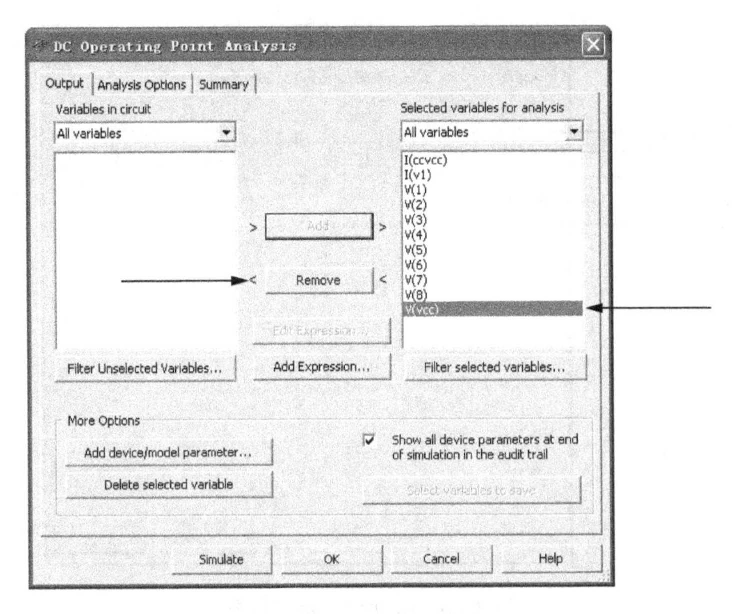

图 2.23　除去已选中要分析的某一个变量

Grapher View

File　Edit　View　Tools

DC operating point

低频单管放大电路

DC Operating Point

	DC Operating Point	
1	V(vcc)	12.00000
2	V(1)	7.97336
3	V(2)	2.49401
4	V(7)	1.85775
5	V(3)	0.00000
6	V(5)	1.68886
7	V(8)	0.00000
8	V(6)	0.00000
9	V(4)	5.21001
10	I(v1)	0.00000

Selected Diagram:DC Operating Point

图 2.24　DC Operating Point Analysis 仿真分析结果

式，输入信号也设定为正弦波形式，因此输出响应也是该电路交流频率的函数。选择 Simulate→Analyses→AC Analysis 选项，将弹出 AC Analysis 对话框，进入交流分析状态，AC Analysis 对话框如图 2.25 所示。AC Analysis 对话框有 Frequency Parameters、Output、Analysis Options 和 Summary 共 4 个选项卡，其中 Output、Analysis Options 和 Summary 这 3 个选项卡与直流工作点分析的设置一样，在 Frequency Parameters 选项卡中的参数设置对话框中，可以确定分析的起始频率、终止频率、扫描形式、分析采样点数和纵向坐标(Vertical scale)等参数。

在 AC Analysis 对话框的 Output 选项卡中添加所需要分析的单管放大电路的输出节点 3 后，如图 2.26 所示，单击 Simulate 按钮进行仿真分析，弹出默认底色为黑色的 Grapher View 对话框，单击对话框上方的 Reverse Colors 按钮，对话框变白，出现单管放

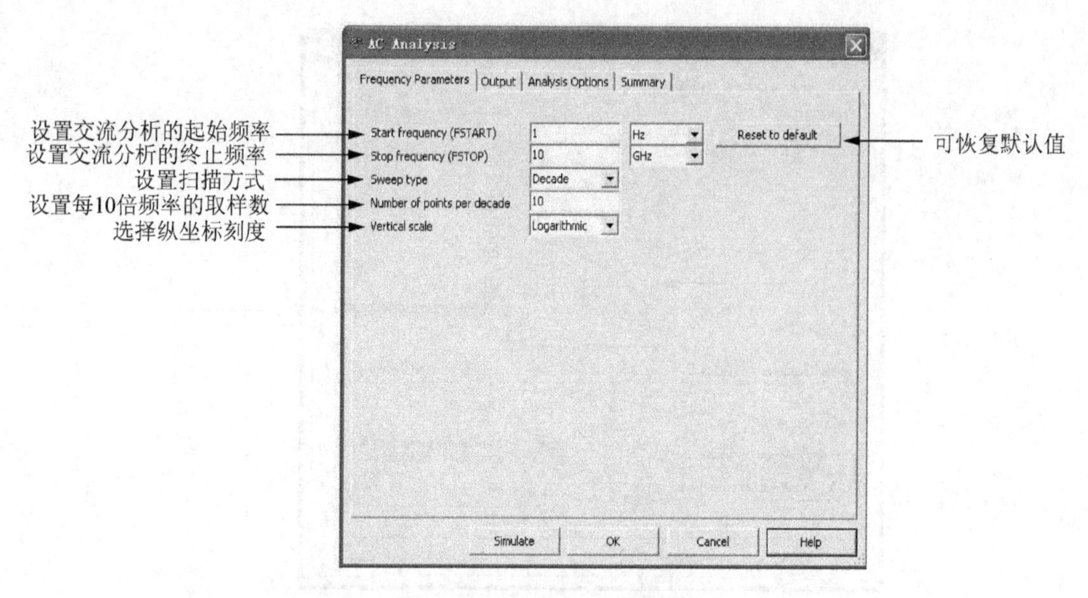

图 2.25　AC Analysis 对话框

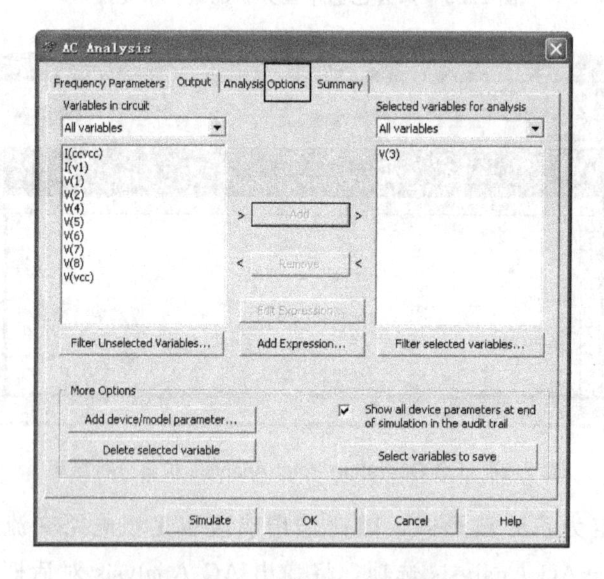

图 2.26　在 Output 选项卡中输出节点 3

大电路的幅频特性曲线和相频特性曲线，如图 2.27 所示。单击 Show/Hide Cursors 按钮，拖动幅频特性曲线上的标尺，可以进行读数，测出频带宽度。

(6) 进行瞬态分析(Transient Analysis)。瞬态分析是一种非线性时域分析方法，是在给定输入激励信号时，分析电路输出端的时域响应，即观察该节点在整个显示周期中每一时刻的电压波形。当启动瞬态分析时，只要定义起始时间和终止时间，Multisim 可以自动调节合理的时间步进值，以兼顾分析精度和计算时需要的时间，也可以自行定义时间步长，以满足一些特殊要求。选择 Simulate→Analyses→Transient Analysis 选项，将弹出

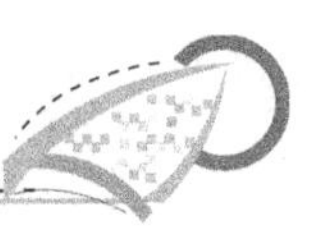

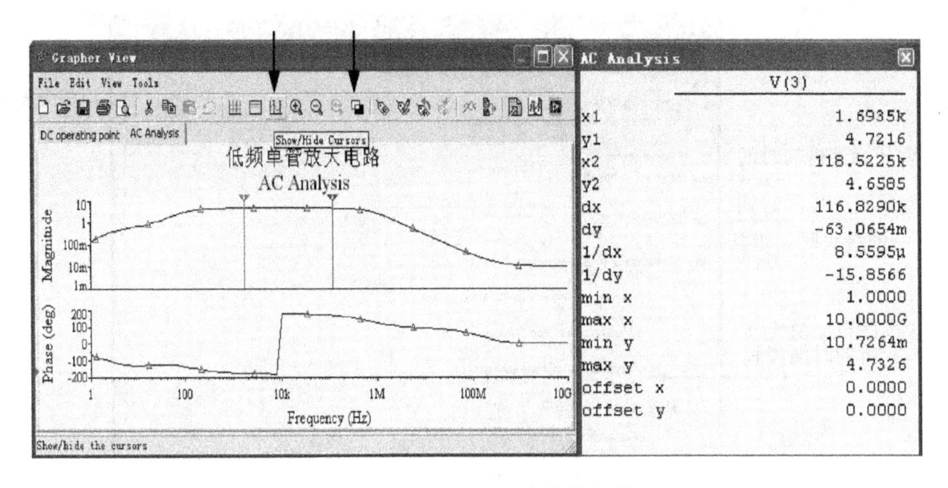

图 2.27　AC Analysis 仿真分析结果

Transient Analysis 对话框，进入瞬态分析状态，Transient Analysis 对话框如图 2.28 所示。Transient Analysis 对话框有 Analysis Parameters、Output、Analysis Options 和 Summary 共 4 个选项卡，其中 Output、Analysis Options 和 Summary 这 3 个选项卡与直流工作点分析的设置一样，所以只需介绍 Analysis Parameters 选项卡。

① 在其对话框中的 Initial Conditions 区可以选择初始条件，在图 2.28 所示的 AC Analysis 对话框左右两边进行了标注。

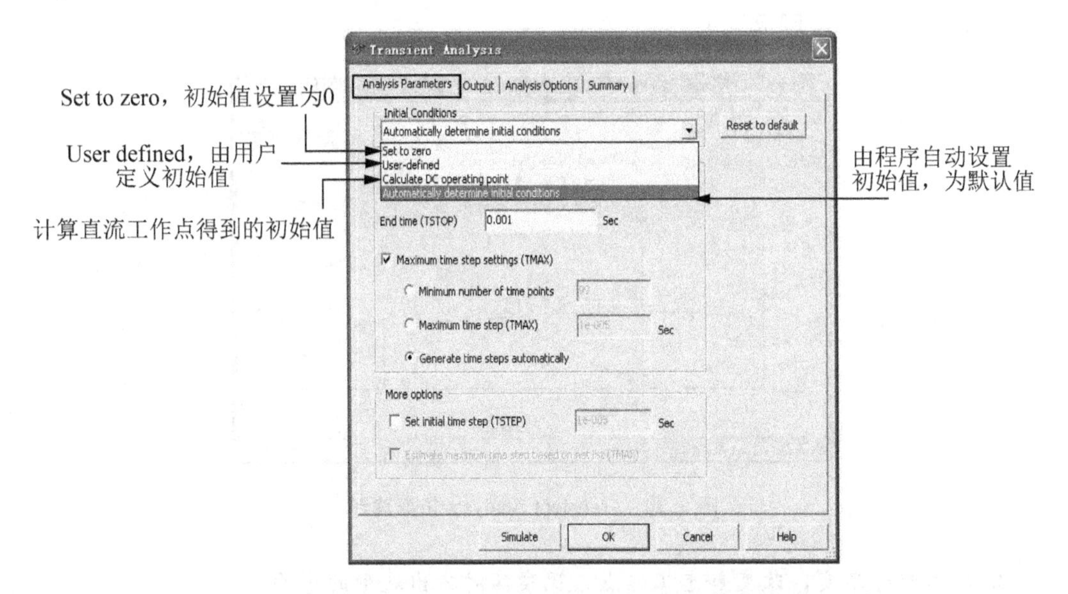

图 2.28　在 Transient Analysis 对话框的 Initial Conditions 区选择初始条件

② Parameters 区，可以对时间间隔和步长等参数进行设置。在图 2.29 所示的 AC Analysis 对话框左右两边进行了标注。选中 Generate time steps automatically 单选按钮，由程序自动决定分析的时间步长。

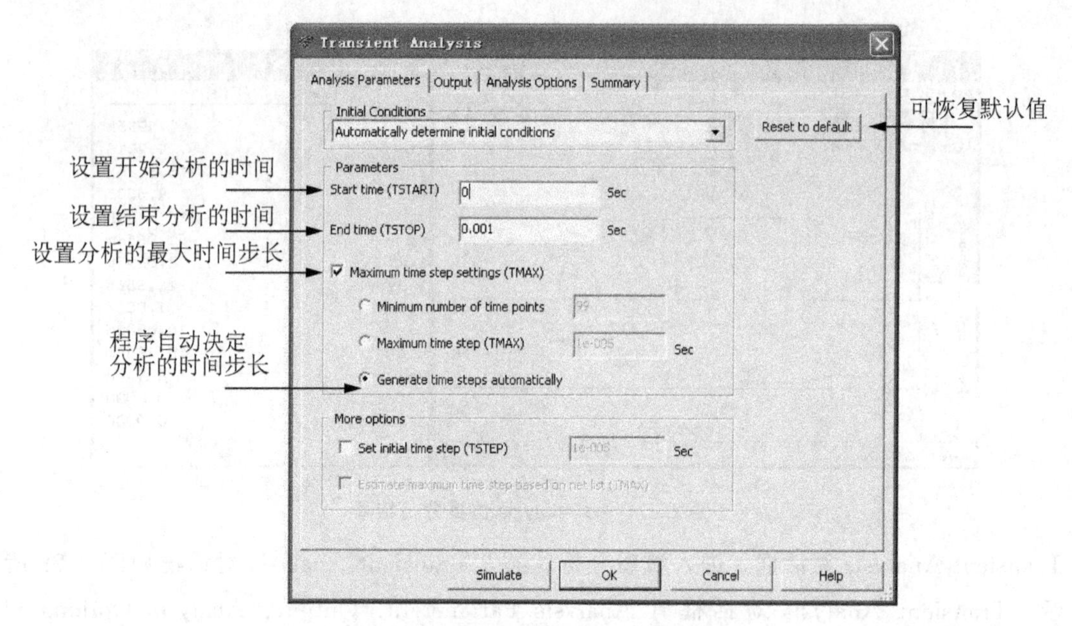

图 2.29　对仿真时间间隔和步长等参数进行设置

在 Output 选项卡中添加所需要分析的输入、输出节点后，单击 Simulate(仿真)按钮，即可获得被分析节点的瞬态特性波形，如图 2.30 所示。单击 Show/Hide Cursors 按钮，拖动波形曲线上的标尺，可以进行读数，输入、输出幅值和周期，从而计算出电压放大倍数和频率，如图 2.31 所示。

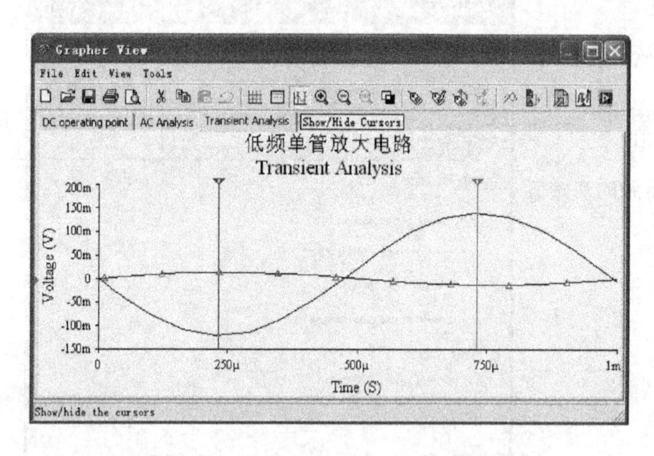

图 2.30　Transient Analysis 仿真波形

3. 输入信号不变，改变静态工作点，观察其对输出波形的影响

改变静态工作点，可以看到有波形出现失真。静态工作点偏低，出现截止失真；静态工作点偏高，出现饱和失真；工作点选在交流负载线的中点，当信号很大时，会同时出现饱和失真和截止失真，根据这一点，可以测出放大电路的最大输出电压的幅值。其电路图如 2.2 所示。

Transient Analysis

	V(3)	V(8)
x1	730.4833μ	730.4833μ
y1	140.5895m	-13.1992m
x2	232.3420μ	232.3420μ
y2	-120.4254m	13.7802m
dx	-498.1413μ	-498.1413μ
dy	-261.0150m	26.9794m
1/dx	-2.0075k	-2.0075k
1/dy	-3.8312	37.0654
min x	0.0000	0.0000
max x	1.0000m	1.0000m
min y	-121.0296m	-13.2036m
max y	141.0111m	13.7888m
offset x	0.0000	0.0000
offset y	0.0000	0.0000

图 2.31　Transient Analysis 仿真标尺所测数据

(1) 当输入信号、R_{b1} 和 R_{b11}、R_{b2}、R_{e1}、R_c 不变时，改变 R_{e2} 的数值，记录相应的 R_{e2} 数值为多少时，输出波形会开始出现饱和失真和截止失真。

(2) 当输入信号、R_{b1} 和 R_{b11}、R_{b2}、R_{e1} 和 R_{e2} 不变时，改变 R_c 的数值，记录相应的 R_c 数值为多少时，输出波形会开始出现饱和失真。

(3) 当输入信号、R_{b1} 和 R_{b11}、R_{e1} 和 R_{e2}、R_c 不变时，改变 R_{b2} 的数值，记录相应的 R_{b2} 数值为多少时，输出波形会开始出现饱和失真和截止失真。

(4) 当输入信号、R_{b1} 和 R_{b2}、R_{e1} 和 R_{e2}、R_c 不变时，改变 R_{b11} 的数值，记录相应的 R_{b11} 数值为多少时，输出波形会开始出现饱和失真和截止失真。

(5) 当 R_{b1} 和 R_{b2}、R_{e1} 和 R_{e2}、R_c 不变时，增加输入信号的幅度，改变 R_{b11} 的数值，当刚刚同时出现饱和失真和截止失真时，记录输出电压的幅值，即最大输出电压的幅值，此时的工作点选在了交流负载线的中点。

4. 撰写实验报告

实验完成后，将保存好的绘图文件另存到教师指定的位置，并结合实验数据完成实验报告的撰写。

2.2　集成运算放大器构成的基本运算电路的测试与设计

集成运算放大电路(简称集成运放)是一种高增益的多级直接耦合放大电路，目前集成运放已成为线性集成电路中品种和数量最多的一类。其中通用型运算放大器是应用最为广泛的集成运放，它是以通用为目的而设计的，其主要特点是价格低廉、产品量大面广，其性能指标适合一般性使用，例如，μA741(单运放)、LM358(双运放)、LM324(四运放)等。本实验以 μA741 单运放为核心元件构成基本运算电路，并测试其性能指标。

一、实验目的

（1）理解运算放大器的“虚短”、“虚断”等概念，掌握理想运算放大器的基本分析方法。

（2）了解集成运算放大电路的3种输入方式及电压传输特性。

（3）熟悉集成运放的双电源供电方式和使用方法。

（4）巩固由集成运放组成的深度负反馈条件下线性运算放大器电路的测量、调试方法。

（5）了解集成运算放大器在实际应用时应考虑的一些问题。

（6）学会正确使用万用表、信号发生器、示波器、高频/模拟电路实验箱 THMG-1。

二、实验原理

集成运放有两个输入端，根据输入信号的不同接入形式，有同相输入、反相输入和差分输入这3种输入方式。由于集成运放具有高增益，所以它组成运算电路时，必须工作在深度负反馈状态，此时输出电压与输入电压的关系仅取决于反馈电路的结构与参数。因此，把它与不同的外部电路连接来构成比例放大、加、减、积分、微分、对数、乘除等模拟运算功能电路。

集成运放在闭环条件下，采用理想化模型，即“虚短”和“虚断”两个原则分析的结果，误差在工程允许范围之内。

集成运放的电压传输特性，即输入输出的函数关系。集成运放输出信号的大小受放大电路的最大输出幅度的限制，其输入输出只在一定范围内是保持线性关系的。

在常温下，当输入信号为零时，由于实际运放内部输入级差分电路参数不完全对称，故其输出电压并不为零，该电压称为输出失调电压，为了使集成运放的输出电压为零，在输入端加上的反向补偿电压称为输入失调电压 V_{IO}，高质量运放的输入失调电压一般在1mV以下。

1. 反相比例运算电路

反相比例运算电路基本电路结构如图2.32(a)所示。输入信号从反相输入端输入，根据分析理想运放的两个原则“虚短”和“虚断”，得出它的输出电压与输入电压之间的关系，如式(2-1)所示。

$$v_o = \frac{R_f}{R_1} v_i \tag{2-1}$$

因此，得出闭环电压放大倍数，如式(2-2)所示。

$$A_v = \frac{v_o}{v_i} = -\frac{R_f}{R_1} \tag{2-2}$$

对于反相比例运算电路，它的输出电压与输入电压之间成比例关系，相位相反。选择不同的 R_f 与 R_1 比值，A_v 可以大于1，也可以小于1。当增益确定后，R_f 与 R_1 比值即确定。在选定其值时要注意：R_f 与 R_1 不要过大，否则会引起较大的失调温漂；但也不要过小，否则无法满足输入阻抗的要求。一般 R_1 取为几十千欧至几百千欧。若 $R_1 = R_f$，则放大器的输出电压与输入电压的负值相等。此时，电路具有反相跟随的作用，称之为反相器或反号器，如图 2.32(b)所示。

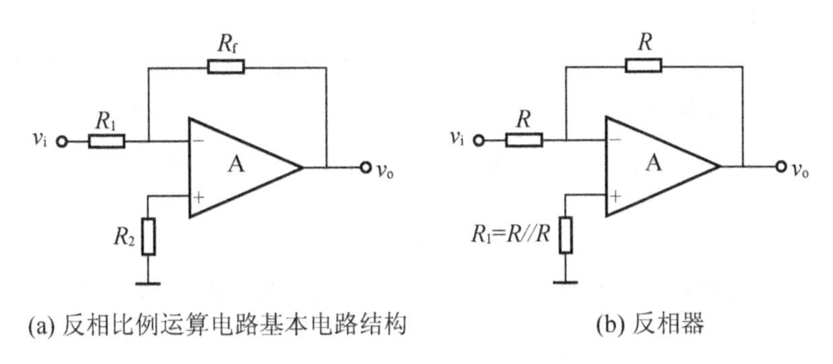

图 2.32　反相比例运算电路

反相比例运算电路的主要特点如下。

(1) 集成运放的反相输入端为虚地点，集成运放的共模输入电压近似为0，故这种电路对运放的共模抑制比 K_{CMR} 要求低。

(2) 由于是并联负反馈，故输入电阻低，$R_i = R_1$。由于是电压负反馈，故输出电阻小，$R_o \approx 0$，带负载能力强。

2. 同相比例运算电路

输入信号从同相输入端引入的运算，便是同相运算，电路如图 2.33 所示。同时，为了消除平均偏置电流及其漂移造成的运算误差，必须在同相端接入平衡电阻 R_2，其值应与反相端的外接等效电阻相等，即要求 $R_2 = R_1 // R_f$。

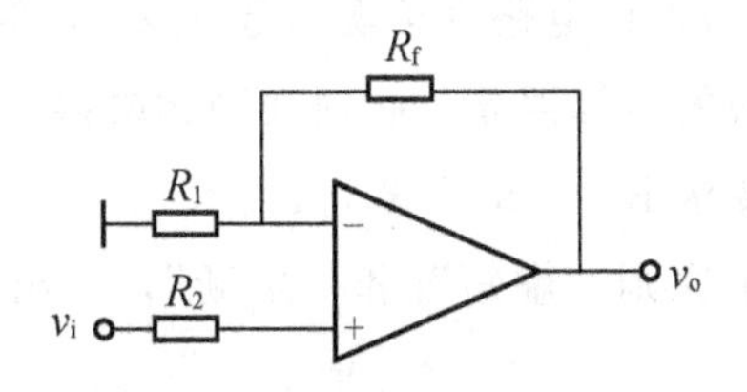

图 2.33　同相比例运算电路

根据分析理想运放的两个原则“虚短”和“虚断”，得出它的输出电压与输入电压之间的关系，如式(2-3)所示。

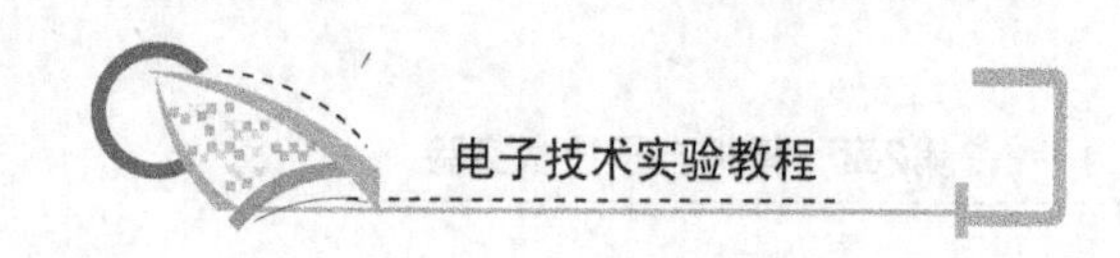

$$v_o = \left(1 + \frac{R_f}{R_1}\right)v_i \tag{2-3}$$

因此，得出电压放大倍数，如式(2-4)所示。

$$A_{vf} = \frac{v_o}{v_i} = 1 + \frac{R_f}{R_1} \tag{2-4}$$

对于同相比例运算电路，它的输出电压与输入电压之间成比例关系，相位同相。其主要特点如下。

(1) 集成运放的共模输入电压 $v_+ \approx v_- = v_i \neq 0$，电路不存在虚地，若为提高运算精度，应选择 K_{CMR} 高的运放。

(2) A_{vf} 总是大于或等于 1，不会小于 1，这点和反相比例运算不同。输入电阻高，输出电阻小，$R_{of} \approx 0$，带负载能力强。

当 $R_1 = \infty$（断开）或 $R_f = 0$ 时，则电压放大倍数如式(2-5)所示。

$$A_{vf} = \frac{v_o}{v_i} = 1 \tag{2-5}$$

这就是电压跟随器或称为同号器，它有图 2.34 所示的两种电路形式。

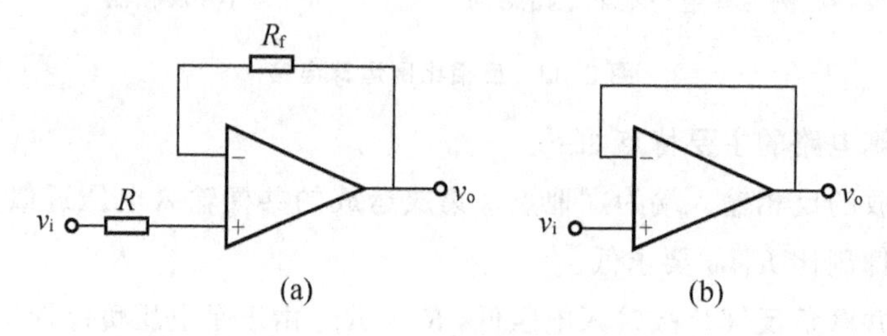

图 2.34　电压跟随器电路图

电压跟随器的电压放大倍数恒小于且接近 1。电压跟随器的显著特点即输入阻抗高，输出阻抗低。一般来说，输入阻抗可以达到几兆欧姆，输出阻抗低，通常可以到几欧姆甚至更低。电压跟随器起缓冲、隔离、提高带负载能力的作用。

3. 反相加法运算电路

其电路如图 2.35 所示。通过该电路可实现信号 v_{i1} 和 v_{i2} 的反相加法运算，并且为了消除平均偏置电流及其漂移造成的运算误差，必须在同相端接入平衡电阻 R_3，其值应与反相端的外接等效电阻相等，即要求 $R_3 = R_1 // R_2 // R_f$。

根据分析理想运放的两个原则“虚短”和“虚断”，得出它的输出电压与输入电压之间的关系，如式(2-6)所示。

$$v_o = \frac{R_f}{R_1}(v_{i2} + v_{i1}) \tag{2-6}$$

当 $R_f = R_1$ 时，得出它的输出电压与输入电压之间的关系，如式(2-7)所示。

$$v_o = -(v_{i2} + v_{i1}) \tag{2-7}$$

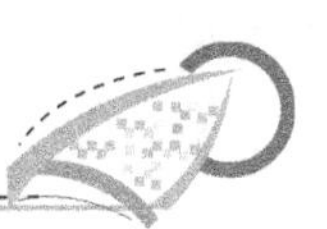

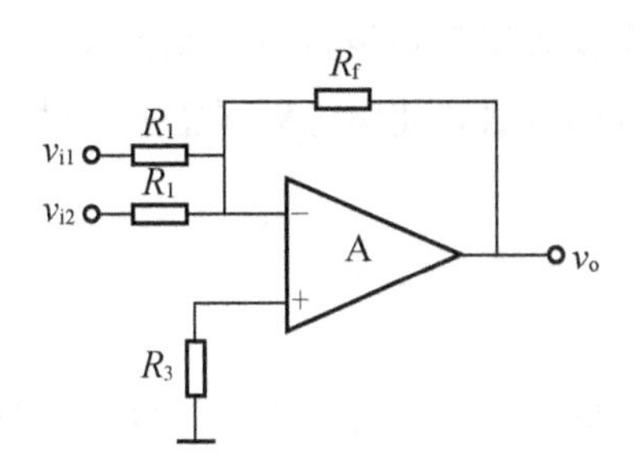

图 2.35 反相加法运算电路

4. μA741 集成运放简介

μA741 是通用型集成运放。直插式实物图如图 2.36(a)所示，贴片式实物图如图 2.36(b)所示，引脚排列如图 2.36(c)所示。它为双电源供电，7 脚接正电源，4 脚接负电源；6 脚为输出端，输出电压由输出端和“地”电位端之间获得，有两个输入端，分别为同相输入端 3 脚和反向输入端 2 脚；1 脚和 5 脚为调零端；8 脚为空脚。可以替代 μA741 的运放有 LM741、μA709、LM301、LM308、LF356、OP07、OP37 等。

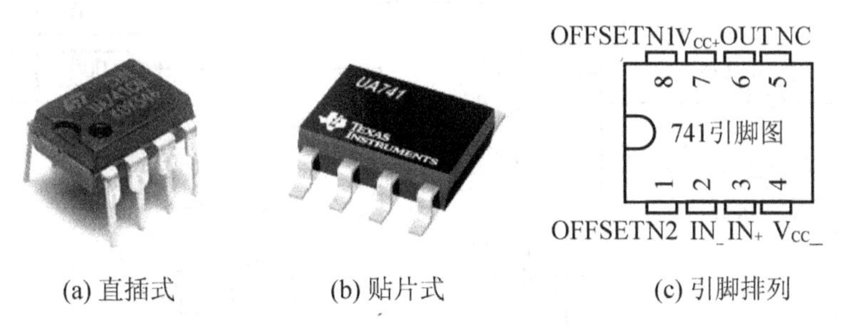

(a) 直插式　　(b) 贴片式　　(c) 引脚排列

图 2.36 μA741 实物图和引脚图

三、预习要求

(1) 认真复习各种运算电路的原理与应用的有关内容。

(2) 根据实验电路的参数，计算各电路输出电压的理论值。

(3) 查阅集成运放 μA741 的性能指标、引脚分布。

(4) 复习仿真软件 NI Multisim 10 的使用方法并用其对实验内容进行仿真分析。

(5) 熟习所用仪器仪表的型号、规格、量程及使用方法。

四、实验内容及要求

在集成运放构成的基本运算电路中，反相比例放大电路与同相比例放大电路是最基本的两类电路，本实验针对这两类电路，设计了计算机仿真以及实物实验，计算机仿真软件采用NI Multisim 10，实物实验采用面包板及电子元器件，由学生自己动手搭建电路进行测试。通过软件及硬件相结合的方法，使学生对课堂上学过的理论知识有更直观、更深入的理解。

1. 仿真实验内容及步骤

仿真实验内容包含反相比例放大电路与同相比例放大电路，各电路的测量都包含输入失调电压的测量、直流信号测试及交流信号测试。

1）反相比例放大电路

（1）输出失调电压的测量。在软件NI Multisim 10的电子工作平台上，分别建立图2.37和图2.38所示的反相比例运算电路的输出失调电压测试电路。

观察图2.37和图2.38可以发现，μA741CP与OP07CP都是8引脚单运放器件，二者的输入、输出、电源引脚一致。μA741CP的1、5引脚及OP07CP的1、8引脚是调零端，Multisim 10仿真软件中没有对调零端给予定义，所以不能进行调零。这里只对其输出失调电压进行测量，并对比其输出失调电压的大小。

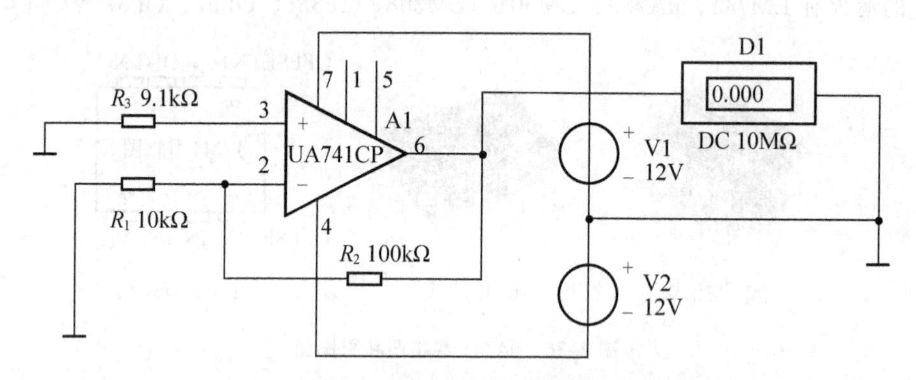

图2.37　μA741CP输出失调电压的测试电路图

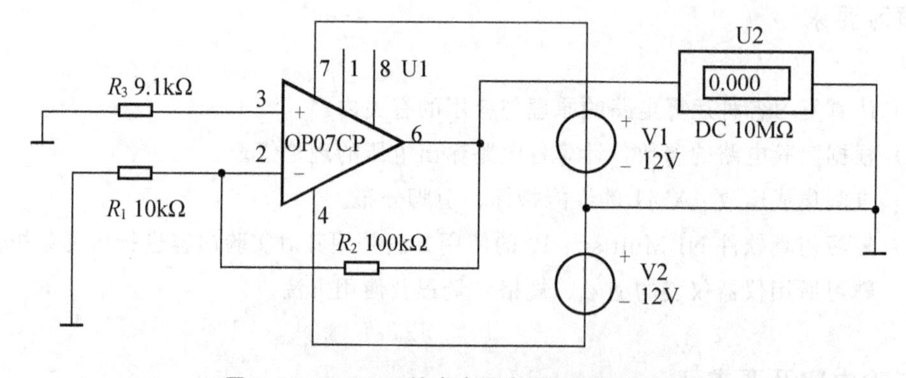

图2.38　OP07CP输出失调电压的测试电路图

（2）直流信号的测试。在反相输入端加入直流信号，如图2.39所示，输入4组数据，分别测量电路开路、有载时的输出电压、放大倍数、同相端和反相端的电压，填入表2-1中。

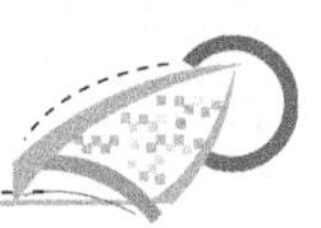

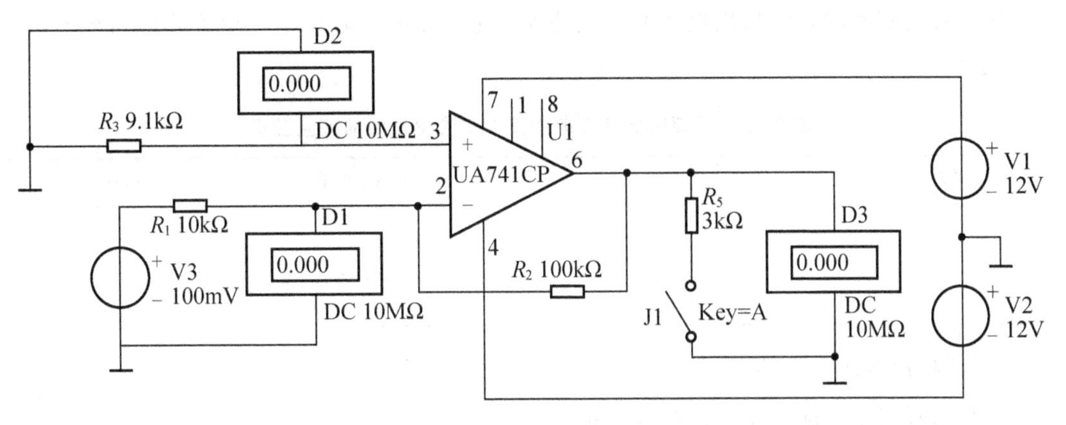

图 2.39　反相比例运算电路直流信号测试电路图

表 2－1　反相比例运算电路输入直流信号时的测量数据

V_i/mV	＋100	＋600	－600	3000
V'_o/V(负载开路)				
V_o/V(负载 R_L＝3kΩ)				
A_{vf}				
V_+/mV				
V_-/mV				

(3) 交流信号的测试。在反相输入端的 v_i 处加入频率为 1kHz，峰峰值为 1V 和 3V 的正弦交流信号，电路如图 2.40 所示。

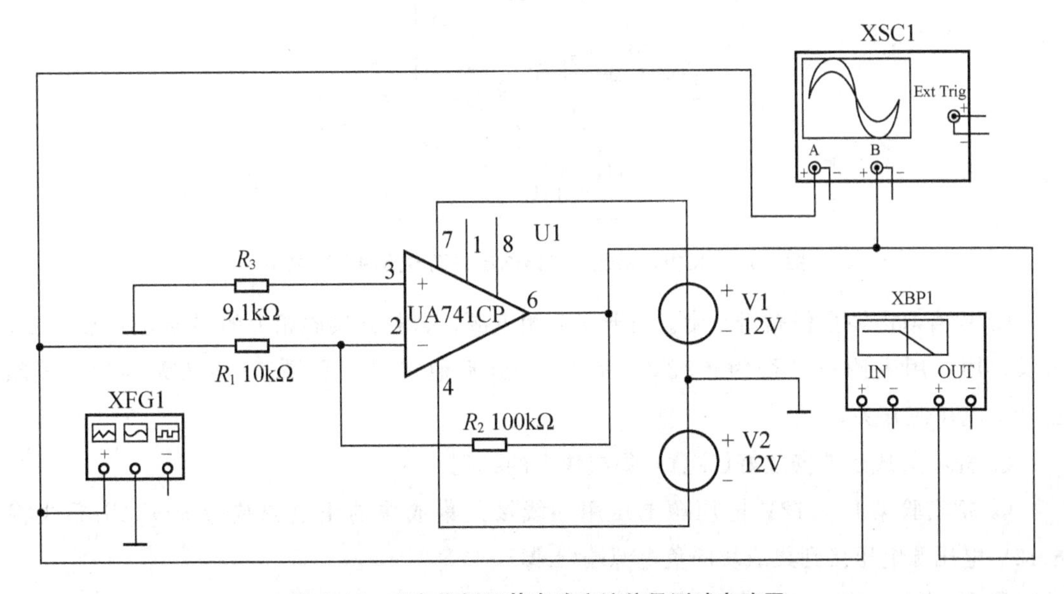

图 2.40　反向比例运算电路交流信号测试电路图

用示波器观测输入、输出电压并用波特仪测量电路的上限频率，相关波形和数据填入表 2-2 中。

表 2-2　反相比例运算电路输入交流信号时的测量数据

V_{ipp}/V	V_{opp}/V	A_V	v_i/v_o 波形	f_H/kHz
			$v_i v_o$ ↑ → t	

2）同相比例放大电路

实验内容与步骤同反相比例运算电路。

3）设计模拟加法器

设计一个模拟加法器，实现 $v_o=(2v_{i1}+5v_{i2})$ 的运算。

2. 实物实验内容及步骤

硬件实验选用通用型集成运放 μA741。运放所需的双电压源+12V 和-12V 由实验箱提供。直流信号输入由实验箱上的±5V 用电位器分压获得。做实验之前要检测实验箱上+12V、-12V、±5V 的电压值，并记录下来；检查实验箱上的电位器好坏。

1）反相比例运算电路测试

(1) 输出失调电压的测量。按图 2.41 所示的电路搭建测试电路，具体步骤如下。

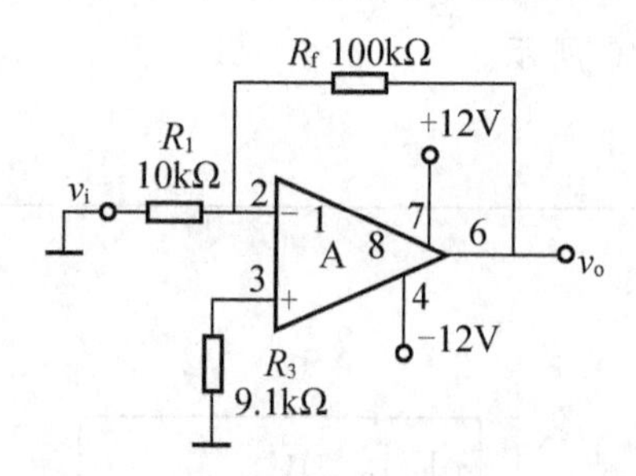

图 2.41　反相比例运算电路输出失调电压的测试电路

① 检查双电源数值是否正常。打开实验箱电源，再打开实验箱上的固定电压源±12V 开关，用万用表测量是否为±12V、是否稳定(不稳定引起零漂)，确认无误后，关闭±12V 电压源开关。

② 先将集成运放安放好(注意：集成块上的标记)。

③ 把实验箱上+12V 电压源电压用导线接到集成块的正电源端(7 脚)，用导线将-12V 电压源电压接到集成块的负电源端(4 脚)。

④ 按图 2.41 所示的电路连接其余部分(注意：输入端至零)。

⑤ 用导线把实验箱上的“地”电位端与实验电路的“地”电位端相连。在检查无误

后，再打开实验箱上的±12V电压源开关，用万用表测量输出电压并记录数据。

（2）直流信号的测试。反相比例运算电路的直流输入信号是把实验箱上的±5V电源电压用电位器分压获得的，如图2.42所示。测量有载和无载时的输出电压以及集成运放同相和反相输入端的电压，数据记入表2-3中。

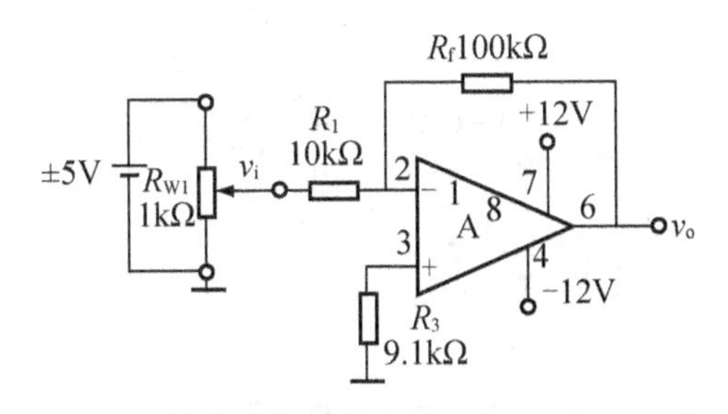

图2.42 反相比例运算电路直流信号的测试电路

表2-3 反相比例运算电路输入直流信号时的测量数据

V_i/mV		+600	−600	3000
V'_o/V（负载开路）	理论值			
	实测值			
	相对误差			
V_o/V（负载 $R_L=2.7k\Omega$）	理论值			
	实测值			
A_{vf}	理论值			
	实测值			
	相对误差			
$V_{+(同相输入端)}$/mV	理论值			
	实测值			
$V_{-(反相输入端)}$/mV	理论值			
	实测值			

（3）交流信号的测试。在图2.42所示电路的反相输入端 v_i 处加入频率为1kHz、峰峰值为1V和3V的正弦交流信号，测量输出电压的峰峰值 V_{opp}，并用示波器观察 v_o 和 v_i 的相位关系，记入表2-4中。

表2-4 反相比例运算电路输入交流信号时的测量数据

V_{ipp}/V	V_{opp}/V	v_i、v_o 波形	A_v		
		$v_i v_o$ t	实测值	理论值	相对误差

2）同相比例运算电路的测试

按图 2.43 连接电路，分别加直流信号和交流信号，与反相比例运算电路的实验内容相同，并将实验数据记入自己设计的表格中。

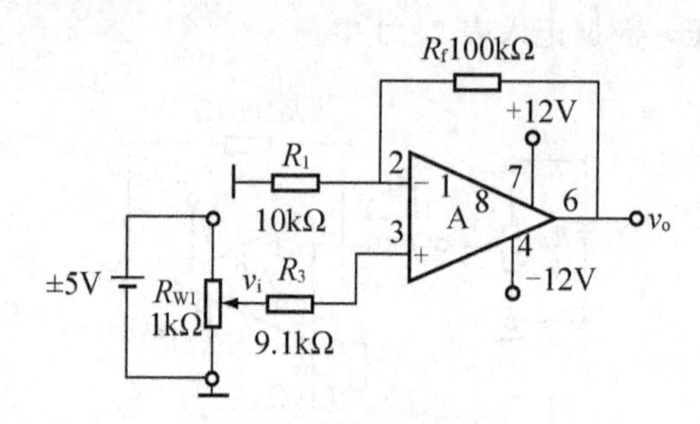

图 2.43　同相比例运算电路

3）设计模拟加法器

设计一个模拟加法器，实现 $v_o = (2v_{i1} + 5v_{i2})$ 的运算。注意：平衡电阻的选择。

五、实验设备与器件

序号	仪器或器件名称	型号或规格	数量
1	高频/模拟电路实验箱	THMG-1	1
2	函数信号发生器	SU3035DDS	1
3	数字示波器	DS1102E	1
4	数字万用表	MY61	1
5	集成运放	μA741	1
6	电阻	金属膜	若干

六、注意事项

（1）不要带电操作，要严格遵守实验规程。

（2）检查导线是否有断线或接触不良情况。

（3）当插集成块时，看准型号，并且要认清定位标记，不要插反，集成块 μA741 的上方不能有导线跨越。当取出集成块时，应用工具慢慢拔出，以免损伤运放引脚或者扎伤手。如果引脚歪翘，则可用钳子修整，以备下次使用。

（4）运算放大器引脚不要接错，注意防止输出引脚对地或电源短路，电源也不得接反，以免损坏器件。

（5）为避免外界干扰和仪器串扰，对实验结果带来影响，导致测量误差增大，所有仪

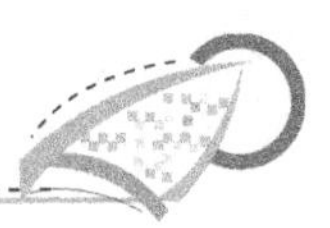

器的“地”电位端与实验电路的“地”电位端必须可靠连接在一起，即“共地”。

（6）函数信号发生器作为信号源，它的输出端不允许短路。

（7）运算放大器的输入信号可以为直流，也可以选用正弦信号，但在选取信号的频率和幅度时，应考虑运放的频响和输出幅度的限制。

（8）反相比例运算电路输入电阻低，当需要输入直流电压时，分压的电位器中心抽头应接入反相输入端后再调出需要的电压数值。

（9）为防止出现自激振荡，应用示波器监视输出电压波形。

七、思考题

（1）若输入端对地短路，输出电压 $V_o \neq 0$，则说明集成运放存在什么问题？

（2）什么是“虚短”现象？什么是“虚断”现象？什么是“虚地点”？用实验数据说明。

（3）当运算放大器作精密放大时，同相输入端对地的直流电阻要与反相输入端对地的直流电阻相等，如果不相等，则会引起什么现象？分析具体过程。

（4）什么是集成运算放大器的电压传输特性？集成运算放大器的输入输出呈线性关系，输出电压将会无限增大吗？为什么？

（5）为防止电源极性接反引起运放损坏，可以在电路中采取什么措施？

（6）本实验用软件 NI Multisim 10 测试的实验数据与在实验室里测试的实验数据是否有区别？为什么？

八、常见故障及解决方法

故障现象 1：当运放输入直流电压小于 1 V 时，输出电压接近正饱和值或负饱和值，即接近所加电源电压值。

解决：(1)运放没有工作在闭环，用数字万用表检查同相输入端 3 引脚和反向输入端 2 引脚之间的电压 $v_+ - v_-$，相差几百毫伏，不是“虚短”时相差的 1mV 左右。当 $v_+ > v_-$ 时，集成运放工作在正向饱和区，输出电压为正饱和值；当 $v_+ < v_-$ 时，集成运放工作在负向饱和区，输出电压为负饱和值，输出电压不再随输入电压线性增长，运放工作在非线性区。检查图 2.44 和图 2.45 所示的反相和同相运算放大电路中的 B 和 F 点处是否断开或接触不良，以及平衡电阻两端 C 和 D 点处是否断开或接触不良。(2)3 引脚对地电位接近电源电压，运放损坏。

故障现象 2：在反相运算电路中，输入电压增加，输出电压始终为零。

解决：检查图 2.44 中电阻 R_1 两端 A 和 E 点处连接导线是否断开或接触不良。

故障现象 3：在同相运算电路中，输入电压与输出电压相等，未实现运算放大。

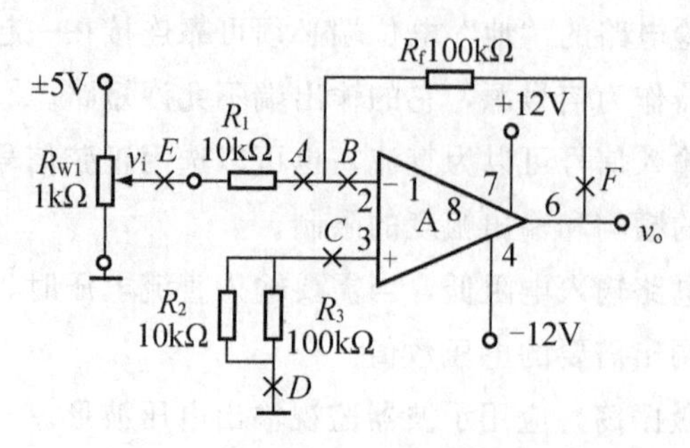

图 2.44　反相比例运算电路的故障排查电路

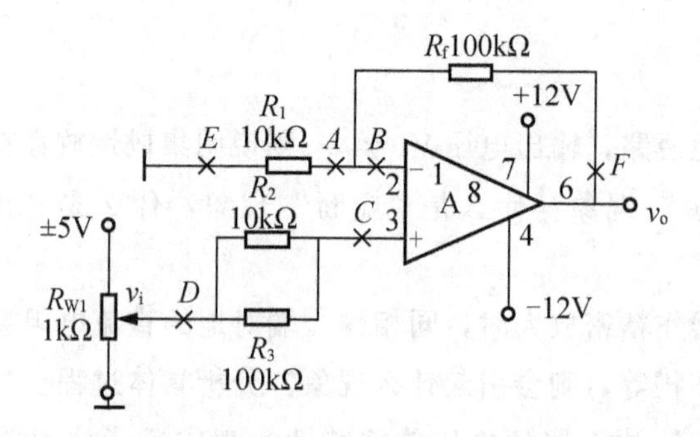

图 2.45　同相比例运算电路的故障排查电路

解决：检查图 2.45 中电阻 R_1 两端 A 和 E 点处连接导线是否断开或接触不良，运放变成同号器。

故障现象 4：输出不满足要求。

解决：(1)先从直流电源查起，可能直流电源没有接上或者电源电压数值不对(应接±12V，有些同学接入了与±12V 临近的±5V)。(2)如直流电源连接的没问题，测试者可以从输入端入手，直流信号输入时电位器损坏，或交流输入时信号发生器的示数与其输出不符，就是有可能信号源根本就没有引入，或数值不对。(3)示波器使用不正确。(4)引脚连线有误。导线有断线或有接触不良。检查运放引脚及其连线，使其应正确牢固。

故障现象 5：运放冒烟或有烧焦味。

解决：(1)运放的输出端对地短路或与电源端短路。(2)正负电源接反。(3)误接入其他数值电源或输入信号过大；若这几种情况发生，运放损坏，则需要在排除故障后，更换运放。怀疑运放或其他元件损坏，也可以使用替换法进行排查故障。

2.3　有源滤波器实验

滤波器的功能就是允许某一部分频率的信号顺利通过，而另外一部分频率的信号则受到较大的抑制，它实质上是一个选频电路，广泛应用于各类电子电路系统、电源系统、信号处理系统中。常用RC元件构成无源滤波器，也可加入运放单元构成有源滤波器。无源滤波器结构简单，可通过大电流，但易受负载影响，对通带信号有一定衰减，因此在信号处理时多使用有源滤波器。

一、实验目的

（1）了解集成运算放大器在滤波电路中的应用。

（2）掌握有源滤波电路的分类。

（3）熟悉有源滤波电路构成及其特性。

（4）学会有源滤波电路幅频特性的测量方法。

二、实验原理

在滤波器中，把信号能够通过的频率范围称为通频带或通带；反之，把信号受到很大衰减或完全被抑制的频率范围称为阻带；把通带和阻带之间的分界频率称为截止频率；理想滤波器在通带内的电压增益为常数，在阻带内的电压增益为零；实际滤波器的通带和阻带之间存在一定频率范围的过渡带。根据对频率范围选择的不同，滤波器可分为低通、高通、带通、带阻、全通这5种。

1. 低通滤波器(LPF)

低通滤波器允许信号中的低频或直流分量通过，抑制高频分量或干扰和噪声。包含有一个RC滤波网络的滤波器为一阶滤波器，按照输入端口的不同可分为同相输入与反相输入两种形式，同相输入的一阶低通滤波器如图2.46(a)所示，电路的传递函数为

$$A(\mathrm{j}\omega)=\frac{A_0}{1+\mathrm{j}\left(\dfrac{\omega}{\omega_c}\right)} \tag{2-8}$$

式中：通带电压增益A_0是$\omega=0$时输出电压与输入电压之比；ω_c为-3dB截止角频率。

由式(2-8)可画出一阶低通滤波器的幅频响应如图2.46(b)所示。

由于一阶低通滤波器的幅频特性下降速率只有-20dB/10倍频程，滤波效果不佳。为了加快下降速率，提高滤波效果，经常使用二阶RC有源滤波器。采取的改进措施是在一阶的基础上再增加一节RC网络。

二阶有源低通滤波器电路原理图如图2.47(a)所示。运放A_1、电阻R_1和R_F构成同相比例运算电路，两个电阻R及两个电容C构成二阶低通滤波网络，电路的传递函数为

$$A(s)=\frac{A_0\omega_0^2}{s^2+\dfrac{\omega_c}{Q}s+\omega_c^2} \tag{2-9}$$

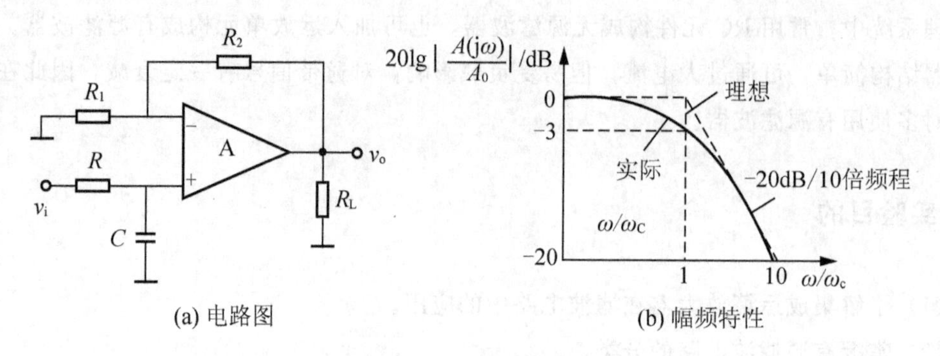

(a) 电路图　　(b) 幅频特性

图 2.46　一阶低通滤波器

式中：特征角频率 $\omega_c = \frac{1}{RC}$；通带增益 $A_0 = 1 + \frac{R_F}{R_1}$；等效品质因数 $Q = \frac{1}{3 - A_0}$。

由式(2-9)可画出二阶低通滤波器的幅频特性，如图 2.47(b)所示。Q 值按照近似特性可分为以下几种：$Q = \frac{1}{\sqrt{2}} \approx 0.71$ 为巴特沃思特性，$Q = \frac{1}{\sqrt{3}} \approx 0.58$ 为贝塞尔特性，$Q = 0.96$ 为切比雪夫特性。

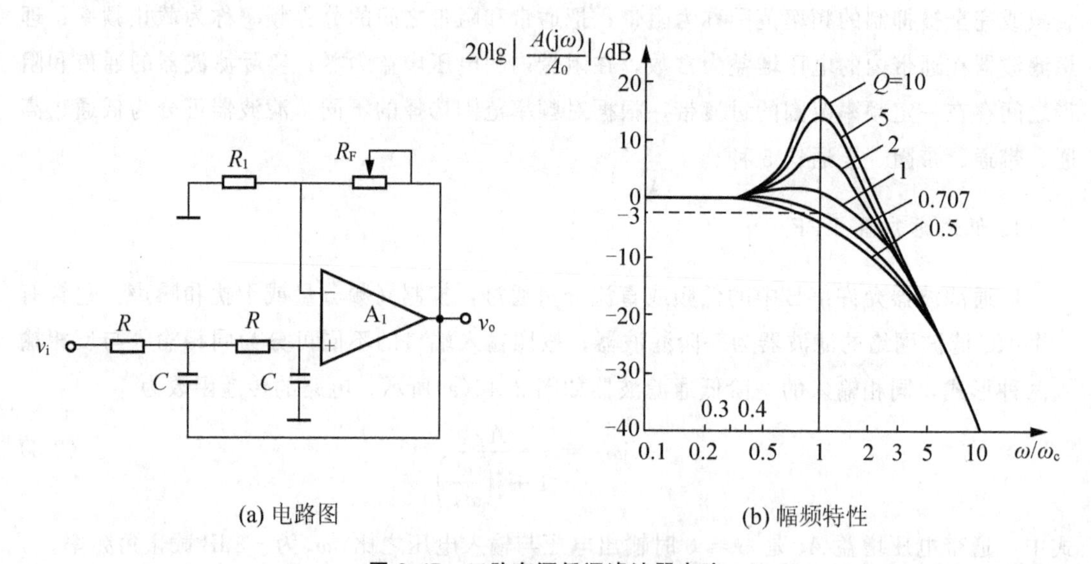

(a) 电路图　　(b) 幅频特性

图 2.47　二阶有源低通滤波器电路

二阶有源低通滤波器也可由反相比例运算电路与滤波网络构成，电路元件较少，但增益调节不方便，因此较少采用。

2. **高通滤波器(HPF)**

高通滤波器是一个使高频率比较容易通过而阻止低频率通过的系统，在图 2.47(a)所示的二阶低通滤波电路中，将滤波网络中的 R 和 C 互换位置，即可得二阶高通滤波器，如图 2.48(a)所示。其传递函数为

$$A(s)=\frac{A_0 s^2}{s^2+\frac{\omega_c}{Q}s+\omega_c^2} \tag{2-10}$$

式中：3dB 截止角频率 $\omega_c=\frac{1}{RC}$；通带增益 $A_0=1+\frac{R_F}{R_1}$；品质因数 $Q=\frac{1}{3-A_0}$。

幅频特性曲线如图 2.48(b)所示。

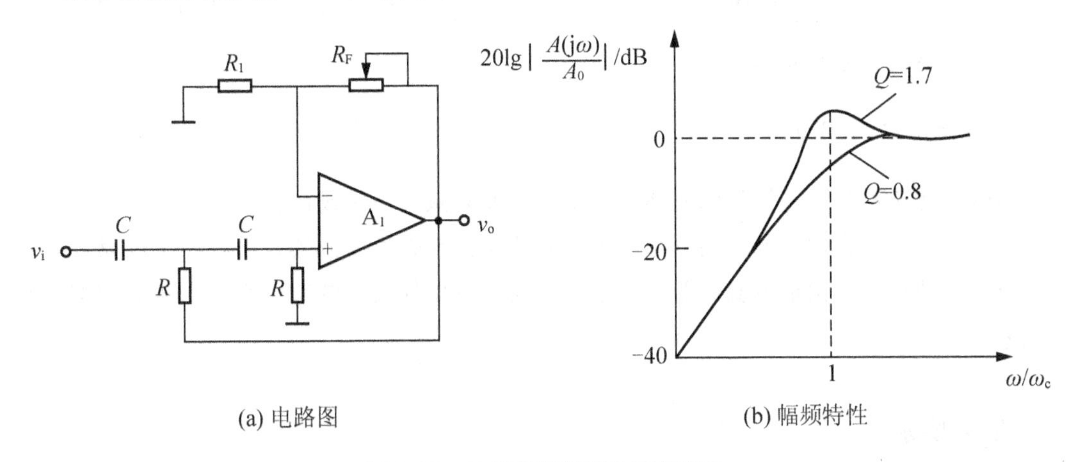

(a) 电路图　　(b) 幅频特性

图 2.48　二阶有源高通滤波器电路

3．带通滤波器(BPF)

带通滤波器能通过规定范围的频率，这个频率范围就是电路的带宽(BW)，滤波器的最大输出电压峰值出现在中心频率 f_0 的频率点上。带通滤波器的带宽越窄，选择性越好，也就是电路的品质 Q 越高，$Q=\frac{f_0}{BW}$。组成带通滤波器的形式较多，在满足 LPF 通带截止频率高于 HPF 通带截止频率的条件下，把 LPF 与 HPF 串接起来可以实现 BPF，电路图及其幅频特性如图 2.49 所示。

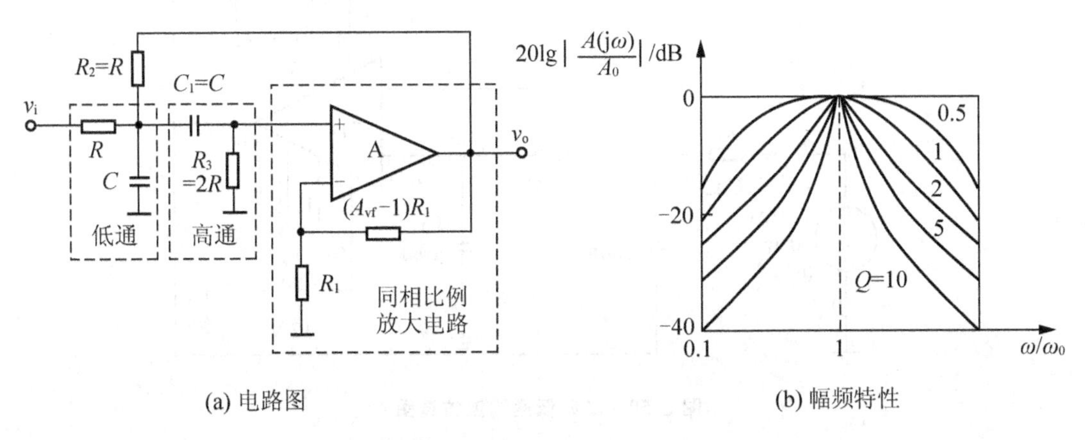

(a) 电路图　　(b) 幅频特性

图 2.49　二阶有源带通滤波器电路

二阶带通滤波器的传递函数可表示为

$$A(s)=\frac{A_0\frac{s}{Q\omega_0}}{1+\frac{s}{Q\omega_0}+\left(\frac{s}{\omega_0}\right)^2} \tag{2-11}$$

其中，$A_0=\frac{A_{\mathrm{VF}}}{3-A_{\mathrm{VF}}}$，$A_{\mathrm{VF}}=1+\frac{R_\mathrm{F}}{R_1}$，$Q=\frac{1}{3-A_{\mathrm{VF}}}$，$\omega_0=\frac{1}{RC}$。$\omega_0$ 既是特征角频率，也是带通滤波器的中心角频率。

4. 带阻滤波器(BEF)

与带通滤波器相反，带阻滤波器是用来抑制或衰减某一频段的信号，而让该频段以外的所有信号通过。将输入电压同时作用于低通滤波器和高通滤波器，再将两个电路的输出电压求和，就可以得到带阻滤波器。其中，低通滤波器的截止频率应小于高通滤波器的截止频率。

三、预习要求

(1) 预习教材有关滤波电路内容。

(2) 分析图 2.46、图 2.47、图 2.48 所示的电路，写出它们的增益特性表达式，并求出截止频率。

(3) 画出 3 个电路的幅频特性曲线。

(4) 采用 Multisim 10 对二阶低通滤波器进行仿真，仿真电路图如图 2.50 所示。

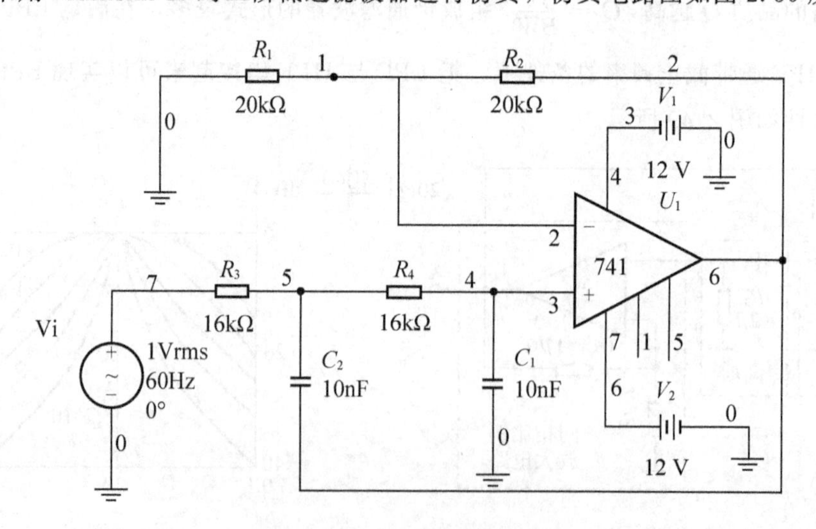

图 2.50 二阶低通滤波仿真图

在 Multisim 主菜单中选择 Simulate→Analyses→AC Analysis 选项，设定 Start frequence 项为“1Hz”，Stop frequence 项为“10kHz”，然后单击 Simulate 按钮，可得如下

的幅频特性与相频特性(图 2.51)，此实验主要观察幅频特性。

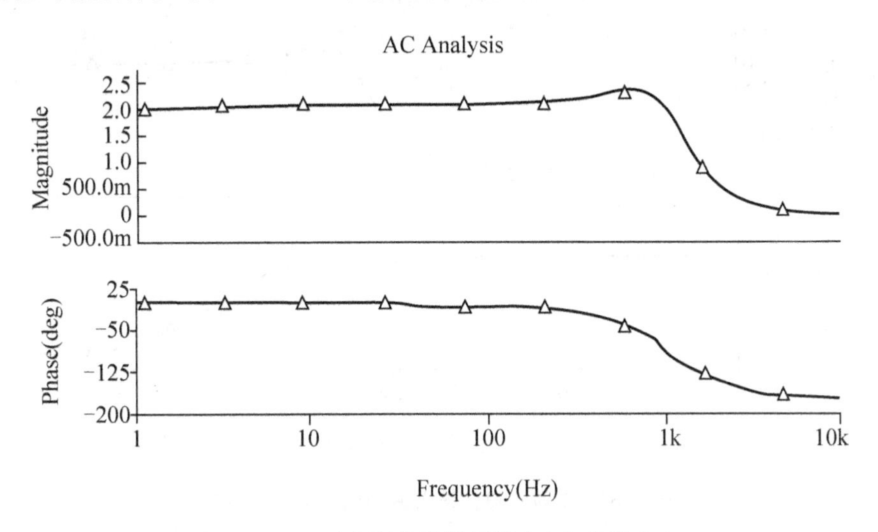

图 2.51 二阶低通滤波器幅频响应与相频响应

(5) 采用 Multisim 10 对二阶高通滤波器进行仿真，仿真电路图如图 2.52 所示。

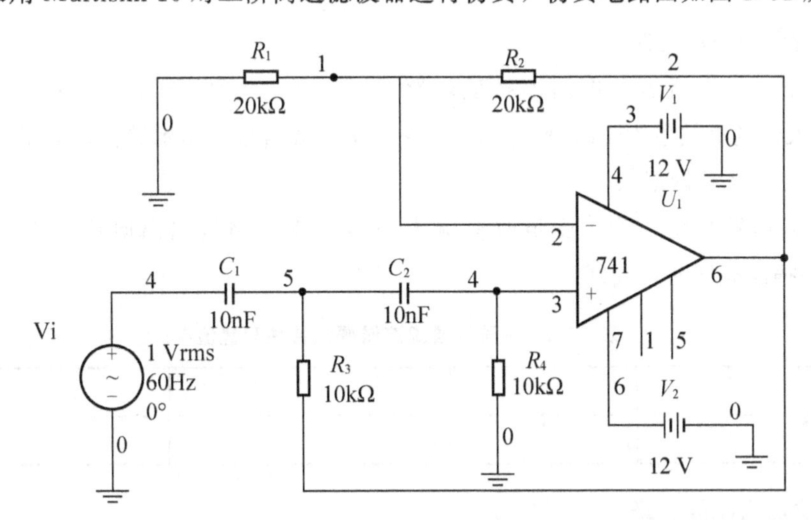

图 2.52 二阶高通滤波器仿真电路图

仿真得到的幅频响应和相频响应如图 2.53 所示。

四、实验内容及要求

本实验从简单的一阶低通滤波器开始，比较二阶低通滤波与一阶低通滤波的性能差异，然后用类似的方法对二阶高通滤波电路进行测量，带通与带阻电路的性能测量作为选做实验。

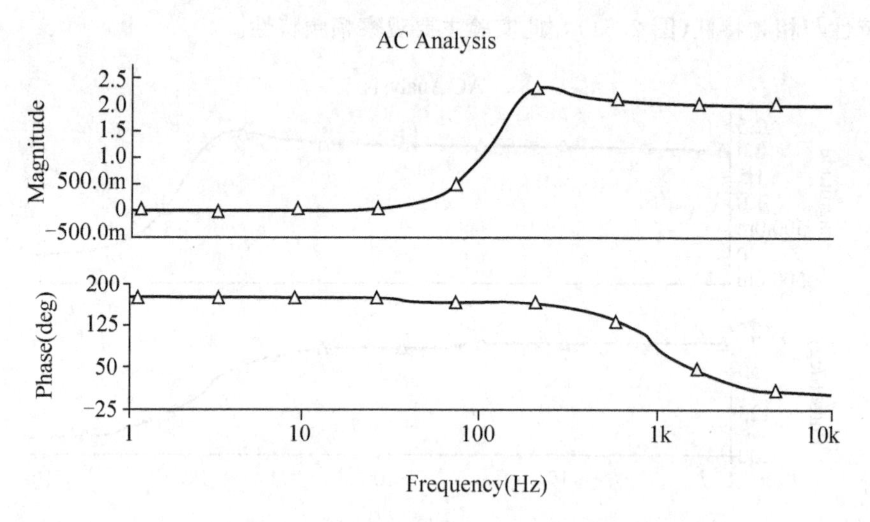

图 2.53　二阶高通滤波器幅频响应与相频响应

1. 低通滤波电路

1）一阶低通滤波电路

按照图 2.46(a)所示的电路图搭建电路，其中 $R_1=R_2=20\text{k}\Omega$，$R=16\text{k}\Omega$，$C=100\text{nF}$。输入幅度有效值为 1V、频率为 1kHz 的正弦波信号，用示波器观察输入输出波形的幅值和相位关系并做记录。

保持输入信号幅度不变，逐步改变输入信号频率，测量输出电压，测量结果填入表 2-5，并描绘幅频特性曲线。

表 2-5　一阶低通滤波器幅频特性测量值

f/Hz										
v_o/V										

2）二阶低通滤波电路

按照图 2.47(a)所示的电路图搭建电路，其中 $R_1=20\text{k}\Omega$，$R=16\text{k}\Omega$，$C=10\text{nF}$，反馈电阻 R_F 选用 1MΩ 电位器，20kΩ 为设定值。输入幅度有效值为 1V、频率为 1kHz 的正弦波信号，用示波器观察输入输出波形的幅值和相位关系并做记录。

保持输入信号幅度不变，逐步改变输入信号频率，测量输出电压，测量结果填入表 2-6，并描绘幅频特性曲线。

表 2-6　二阶低通滤波器幅频特性测量值

f/Hz										
v_o/V										

2. 高通滤波电路

按照图 2.48(a)所示的电路图搭建电路，设定 $R_1=20\text{k}\Omega$，$R=10\text{k}\Omega$，$C=100\text{nF}$，反馈电阻 R_F 选用 1MΩ 电位器，20kΩ 为设定值。输入幅度有效值为 1V、频率为 100kHz 的正弦波信号，用示波器观察输入输出波形的幅值和相位关系并做记录。

保持输入信号幅度不变，逐步改变输入信号频率，测量输出电压，测量结果填入表 2-7，并描绘幅频特性曲线。

表 2-7　高通滤波器幅频特性测量值

f/Hz										
v_o/V										

五、实验设备与器件

序号	仪器或器件名称	型号或规格	数量
1	高频/模拟电路实验箱	THMG-1	1
2	函数信号发生器	SU3035DDS	1
3	数字示波器	DS1102E	1
4	数字万用表	MY61	1
5	集成运放	μA741	1
6	电阻	20kΩ，16kΩ，10kΩ	若干
7	电容	100nF，10nF	若干
8	面包板		1

六、注意事项

(1) 注意各元器件在面包板上的安放位置，例如，最好将集成运放的两排引脚横跨在面包板中间的沟槽两端，电阻的两个引脚不要接短路，电容的极性不要接反。

(2) 仔细检查搭建好的电路，确定元件与导线连接无误后，接通电源。

(3) 实验前首先根据电路参数计算出截止频率，在滤波器截止频率附近，观察电路是否有滤波特性，如果没有滤波特性，应检查电路并找出故障原因。

七、思考题

(1) 品质因数 Q 的变化对二阶低通滤波器的幅频特性有什么影响？

(2) 试设计一个二阶有源低通滤波器，要求截止频率 $f_c = 1\text{kHz}$，通带电压放大倍数 $A_o = 2$。

(3) 如何组成带通滤波器？试设计一个中心频率为500Hz，带宽为200Hz的二阶有源带通滤波器。

(4) 如何组成带阻滤波器？试设计一个中心频率为500Hz，带宽为50Hz的二阶有源带阻滤波器。

八、常见故障及解决方法

故障现象1：当输入低通滤波器的交流信号频率降低时，低通滤波器输出信号幅度大大降低，不满足低通特性。

解决：一般示波器的连接线抗干扰能力差，需要更换质量好的探头，问题就解决了。

故障现象2：输出信号波形发生振荡。

解决：检查电路中电阻值是否正确，电路的放大倍数是否大于3。

故障现象3：电路没有滤波特性。

解决：检查滤波网络中的电阻、电容是否有断点或虚焊点。

2.4 晶体管共发射极放大电路实验

晶体管共发射极放大电路是模拟电子电路中最基本的单元电路，又被称为反相放大电路，其特点为电压增益大，输出电压与输入电压反相，适用于多级放大电路的中间级。

一、实验目的

(1) 熟悉常用电子仪器，例如数字万用表、函数信号发生器、数字示波器的使用。

(2) 掌握放大器静态工作点的调试方法，分析静态工作点对输出波形失真的影响。

(3) 掌握放大器电压放大倍数、输入电阻、输出电阻及最大不失真输出电压(动态范围)的测量方法。

(4) 学习放大器通频带测试方法。

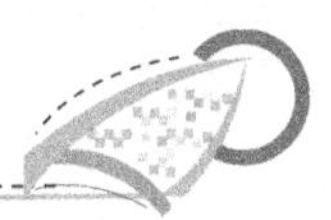

二、实验原理

共发射极放大电路原理图如图 2.54 所示，该电路采用自动稳定静态工作点的分压式偏置电路，三极管选用硅管 3DG6，滑动变阻器 R_{W1} 可用于调节静态工作点。为避免射极偏置电阻对放大倍数降低过大，R_{E1} 两端接有旁路电容，使得 R_{E1} 在直流情况下起到稳定静态工作点的作用，而在交流情况下不影响电路的动态性能指标。

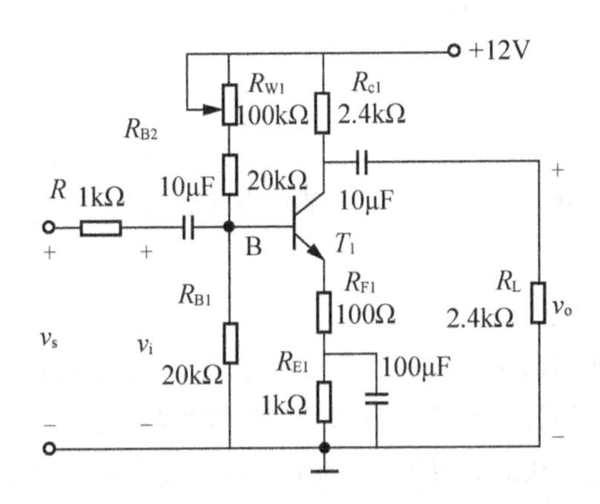

图 2.54　分压式偏置共发射极放大电路

实物电路板采用负反馈放大器电路板，如图 2.55 所示，负反馈放大器是采用两级阻容耦合放大电路，其中第一级与第二级放大电路均为分压式偏置的共发射极放大电路，因此采用第一级共发射极放大电路完成本节实验。

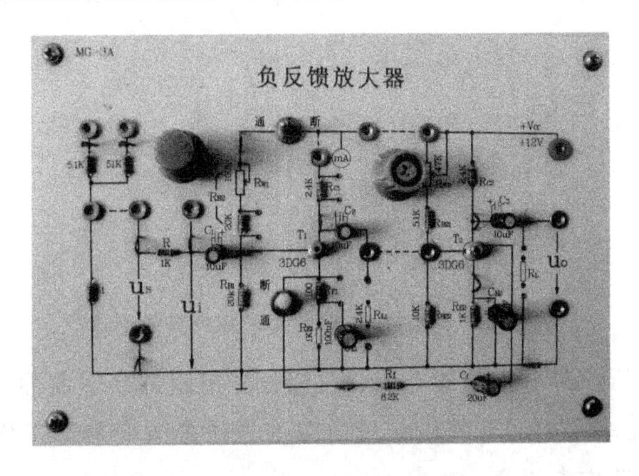

图 2.55　实验电路板实物图

1. 放大器静态工作点的计算

放大器要实现正常的放大作用，必须要有合适的静态工作点，在输入信号为零时，三极管各电极电流电压可计算如下：

$$V_{BQ}=\frac{R_{B1}}{R_{B1}+R_{B2}}V_{CC} \tag{2-12}$$

$$I_{CQ}\approx I_{EQ}=\frac{V_{B}-0.7}{R_{E1}+R_{F1}}\approx\frac{V_{B}}{R_{E1}+R_{F1}} \tag{2-13}$$

$$I_{BQ}=\frac{I_{CQ}}{\beta} \tag{2-14}$$

$$V_{CEQ}=V_{CC}-I_{CQ}(R_{C}+R_{E1}+R_{F1}) \tag{2-15}$$

2. 放大器静态工作点的测量与调试

1）静态工作点的测量

测量放大器的静态工作点，应在输入信号 $v_i=0$ 的情况下进行，即将放大器输入端与地端短接，用数字万用表分别测量晶体管的基极电压、发射极电压和集电极电压，然后利用上述公式算出 I_{BQ} 及 I_{CQ}。

2）静态工作点的调试

放大器静态工作点的调试是指对管子集电极电流 I_{CQ}（或 V_{CEQ}）的调整与测试。静态工作点是否合适，对放大器的性能和输出波形都有很大影响。如工作点偏高，则放大器在加入交流信号以后易产生饱和失真，此时 v_o 的负半周将被削底，如图 2.56(a)所示；如工作点偏低则易产生截止失真，即 v_o 的正半周被缩顶(一般截止失真不如饱和失真明显)，如图 2.56 (b)所示。这些情况都不符合无失真放大的要求，所以在选定工作点以后还必须进行动态调试，即在放大器的输入端加入一定的输入电压 v_i，检查输出电压 v_o 的大小和波形是否满足要求。若出现失真，则应调节静态工作点的位置。

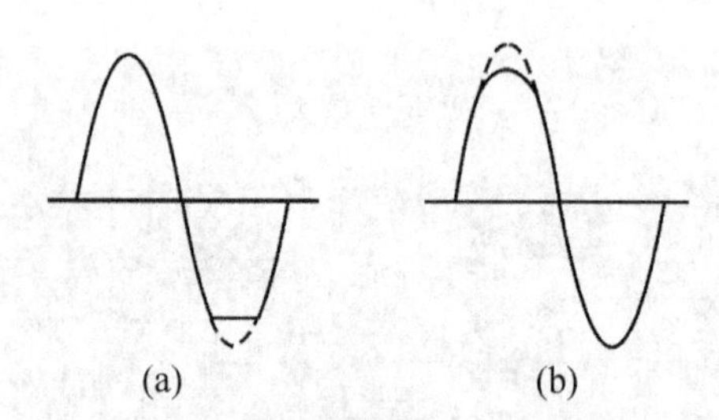

图 2.56　静态工作点对 v_o 波形失真的影响

改变直流电源电压、集电极偏置电阻、基极偏置电阻都会引起静态工作点的变化，如图 2.57 所示。但通常多采用调节基极偏置电阻的方法来改变静态工作点，如减小基极偏置电阻，则可使静态工作点提高。

需要说明的是，上面所说的工作点“偏高”或“偏低”不是绝对的，应该是相对信号的幅度而言，如果输入信号幅度很小，那么即使工作点较高或较低也不一定会出现失真。所以确切地说，产生波形失真是信号幅度与静态工作点设置配合不当所致。如需满足较大信号幅度的要求，则静态工作点最好尽量靠近交流负载线的中点。

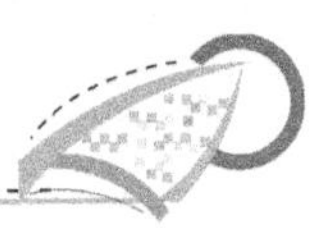

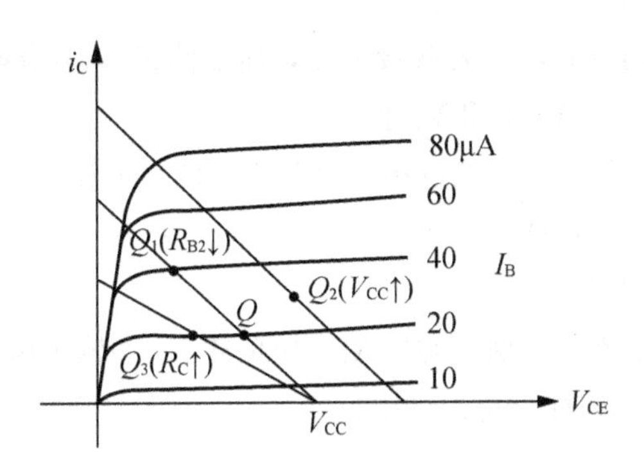

图 2.57 电路参数对静态工作点的影响

3. 动态性能的分析计算

在交流情况下，电阻 R_{E1} 被电容短路，发射极只有电阻 R_{F1} 起作用。电路主要性能指标可计算如下：

$$A_V = \frac{V_o}{V_i} = \frac{-\beta R'_L}{r_{be} + (1+\beta)R_{F1}} \tag{2-16}$$

$$R_i = R_{B1}//R_{B2}//[r_{be} + (1+\beta)R_{F1}] \tag{2-17}$$

$$r_{be} = 200 + (1+\beta)\frac{26\text{mV}}{I_{EQ}(\text{mA})} \tag{2-18}$$

$$R_o \approx R_C \tag{2-19}$$

4. 动态性能的测量

1) 输入电阻 R_i 的测量

为了测量放大器的输入电阻，按图 2.58 所示的电路在被测放大器的输入端与信号源之间串入一个已知电阻 R，在放大器正常工作的情况下，用数字示波器测出 V_s（有效值）和 V_i（有效值），则根据输入电阻的定义可得式(2-20)。

$$R_i = \frac{V_i}{I_i} = \frac{V_i}{V_R/R} = \frac{V_i}{V_s - V_i}R \tag{2-20}$$

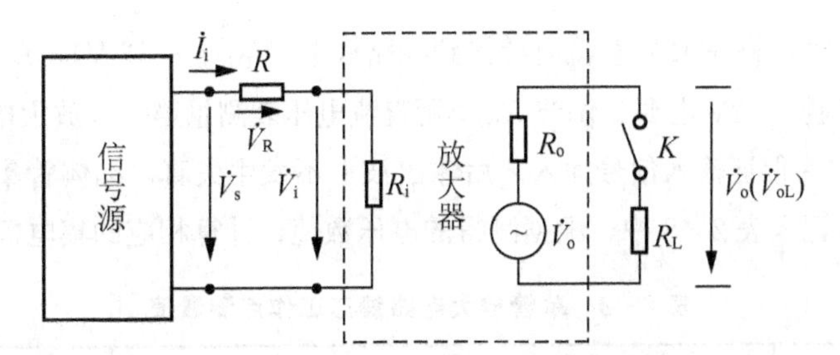

图 2.58 输入、输出电阻测量电路

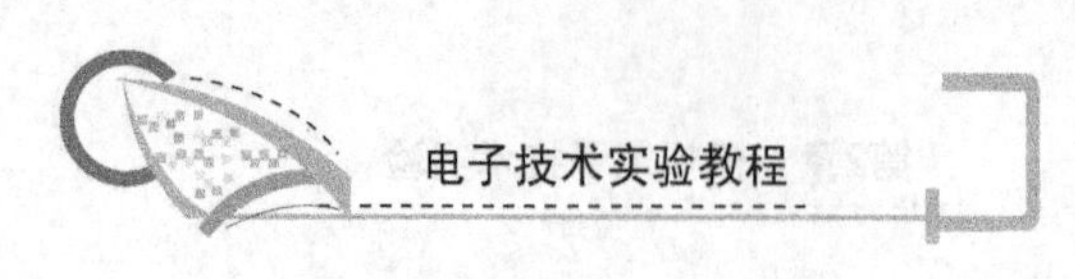

测量时应注意下列几点。

(1) 由于电阻 R 两端没有电路公共接地点，所以测量 R 两端电压 V_R 时必须分别测出 V_s 和 V_i，然后按 $V_R=V_s-V_i$ 求出 V_R 值。

(2) 电阻 R 的值不宜取得过大或过小，以免产生较大的测量误差，通常取 R 与 R_i 大小相近为好，本实验可取 $R=1\text{k}\Omega$。

2) 输出电阻 R_o 的测量

在放大器正常工作条件下，测出输出端不接负载 R_L 的输出电压 V_o 和接入负载后的输出电压 V_{oL}，由式(2-21)整理即可得式(2-22)。

$$V_{oL}=\frac{R_L}{R_o+R_L}V_o \tag{2-21}$$

$$R_o=\left(\frac{V_o}{V_{oL}}-1\right)R_L \tag{2-22}$$

在测试中应注意，必须保持 R_L 接入前后输入信号的大小不变。

三、预习要求

(1) 复习教材中有关单管放大电路的原理及内容，掌握不失真放大电路的调整方法。

(2) 按图 2.54 所示的实验电路估算放大器的静态工作点(取 $\beta=100$)。

(3) 估算放大器的电压放大倍数 A_V、输入电阻 R_i 和输出电阻 R_o。

(4) 熟悉所用仪器仪表的型号、规格、量程及使用方法。

四、实验内容及要求

按照图 2.54 所示的电路连接基本电路：将 T_1 管基极电位器与集电极偏置电阻之间的开关接通，R_{c1} 与 +12V 电源之间的 3 个插孔用导线连接(本实验采用间接法测电流 I_c，因此不需要接入电流表)。将反馈通路的开关断开(切断极间负反馈)。

1. 测量单管放大电路的静态工作点

将 R_{W1} 调至最大，将 +12V 直流电源接到线路板上(V_{CC} = +12 V)，单管放大电路的输入端接地($v_i=0$)。接通 +12V 电源、调节 R_{W1}，用直流电压表测量第一级放大电路的静态工作点，即测管子各极电位(为保证输入信号加入之后输出波形不发生失真，晶体管集电极电位 V_C 参考数值为 8V 左右)，记入表 2-8 中，根据测得的电压数值，计算相应的集电极电流 I_C。

表 2-8 单管放大电路静态工作点测量值

V_B/V	V_E/V	V_C/V	I_C/mA

2. 测量单管放大电路的放大倍数

输入端 v_i 接入频率 1kHz、幅度有效值为 5mV 的正弦波信号(先用交流毫伏表校准，然后接入放大器)，负载开路，用示波器观察输出波形，在输出波形无失真的情况下，由数字示波器读出输出电压有效值 V_o，接入负载电阻 R_L (2.4kΩ)，测输出电压有效值并计算放大倍数，填入表 2－9 中。

表 2－9　单管放大电路放大倍数的测量值

R_L/kΩ	V_o/V	A_V	观察记录一组 v_i 和 v_o 波形
∞			$v_i v_o$ ↑ → t
2.4			

3. 测量最大不失真输出电压

保持输入信号频率不变，同时调节输入信号的幅度和电位器 R_{W1}，在输出信号波形不发生失真的情况下，用示波器测量输出电压最大值 V_{om} 及峰峰值 V_{oPP}，并将此时对应的输入信号峰值 V_{im} 及静态工作点 I_C 一并记入表 2－10 中。

表 2－10　最大不失真输出电压的测量值

R_L/kΩ	I_C/mA	V_{im}/mV	V_{om}/V	V_{oPP}/V
∞				
2.4				

4. 测量放大器的输入电阻和输出电阻

1) 测量放大器的输入电阻 R_i

断开负载，将频率 1kHz、幅度有效值为 5mV 的正弦波信号接入 v_s 端口(相当于将 R 接入电路)，在输出电压波形不失真的情况下，用示波器测出此时输入信号电压有效值 V_s 和 V_i，按照式(2-20)计算出 R_i 并填入表 2－11 中。

表 2－11　放大电路输入电阻、输出电阻测量

V_s/mV	V_i/mV	V_o/V	V_{oL}/V	R_i/kΩ	R_o/kΩ

2) 测量放大器的输出电阻 R_o

保持 1)中的输入信号不变，测量输出端不接负载的输出电压 V_o，然后接入负载(R_L＝2.4kΩ)，测量输出电压 V_{oL}，代入式(2-22)求出输出电阻 R_o。

5. 观察放大电路静态工作点对输出波形失真的影响(选做)

将负载开路，保持输入信号频率不变，逐步加大输入信号幅度，使第一级放大电路的输出电压 v_o 足够大但不发生饱和失真或截止失真。保持输入信号不变，调整 R_{W1} 使波形出现饱和失真或截止失真，绘出 v_o 的波形，并测出失真情况下的 I_C 和 V_{CE}，记入表 2-12 中。

表 2-12　静态工作点对输出波形失真的影响

I_C/mA	V_{CE}/V	v_o 波形	失真情况
		v_o ↑ → t	
		v_o ↑ → t	

6. 测量通频带：测放大器下限频率 f_L 和上限频率 f_H (选做)

输入信号幅度有效值为 5mV 并保持不变，用数字示波器测输入信号频率为 1kHz 时的输出电压有效值 V_o。在保证输入信号幅度不变的条件下，降低信号频率，直到示波器上输出电压有效值下降到原来输出 V_o 的 70.7%，此时输入信号的频率即为 f_L =________。若实验所使用的不是低频信号发生器，则上限频率 f_H 亦可用类似的方法测得，f_H=________。

五、实验设备与器件

序号	仪器或器件名称	型号或规格	数量
1	高频/模拟电路实验箱	THMG-1	1
2	函数信号发生器	SU3035DDS	1
3	数字示波器	DS1102E	1
4	数字万用表	MY61	1
5	负反馈放大器电路板	MG-3A	1
6	电阻	2.4kΩ	若干

六、注意事项

(1) 实验开始前，应先检查本组的元器件设备是否齐全完备，校准示波器，检查导线

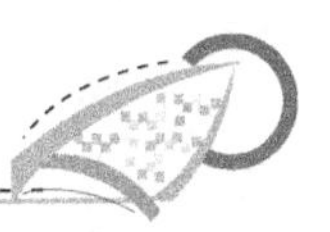

与各种接线是否有短线或接触不良的现象，了解线路的组成和接线要求。

(2) 完成实验系统接线后，必须进行复查，尤其电源极性不得接反，确定无误后，方可通电进行实验。绝对不允许带电操作。如发现异常声、味或其他事故情况，应立即切断电源，报告指导教师检查处理。实验中严格遵循操作规程，改接线路和拆线一定要在断电的情况下进行。

七、思考题

(1) 若放大电路输出波形发生失真，则是什么原因造成的？应如何解决？

(2) 改变静态工作点对放大器的输入电阻 R_i 有何影响？改变外接电阻 R_L 对输出电阻 R_o 有何影响？

(3) 在测试 A_V、R_i 和 R_o 时怎样选择输入信号的大小和频率？为什么信号频率一般选 1kHz，而不选 100kHz 或更高？

(4) 测试中如果将函数信号发生器、示波器中任一仪器的两个测试端子接线换位(即各仪器的接地端不再连在一起)，将会出现什么问题？

八、常见故障及解决方法

故障现象 1：当测试静态工作点时，晶体管集电极电位为 12V。

解决：首先检查电阻 R_{C1} 是否断开，若 R_{C1} 没有问题，则再检查是否是晶体管坏掉。

故障现象 2：电路接通之后，输入波形正常，输出端没有波形输出。

解决：首先检查电容 C_2 是否断开，若 C_2 没有问题，则检查晶体管的静态工作点是否正确。

故障现象 3：当输入信号为 mV 的数量级时，数字示波器显示的波形模糊不清晰。

解决：一般示波器的连接线抗干扰能力差，需要更换质量好的探头，问题就解决了。

2.5　射极输出器实验

射极输出器是从基极输入信号，从发射极输出信号，在接法上是一个共集电极电路。共集电极放大器的特点是电压增益小于 1 而接近于 1，输出电压与输入电压同相，输入电阻高，输出电阻低，可作为多级放大电路的输入级、输出级及缓冲级，在电子电路中应用极为广泛。

一、实验目的

(1) 掌握射极输出器的结构与工作原理。

(2) 学习射极输出器的静态工作点的调试方法。

(3) 学习射极输出器电压放大倍数、输入电阻、输出电阻等性能指标的测量方法。

二、实验原理

射极输出器电路图如图 2.59 所示，滑动变阻器 R_{W1} 可用于调节静态工作点。实物电路板如图 2.60 所示。

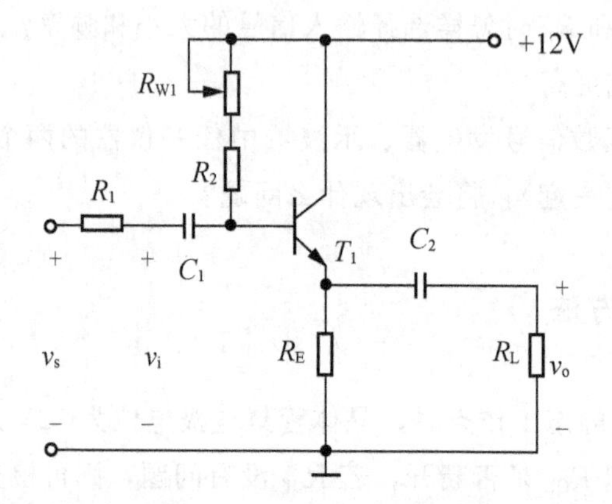

图 2.59　射极输出器电路图

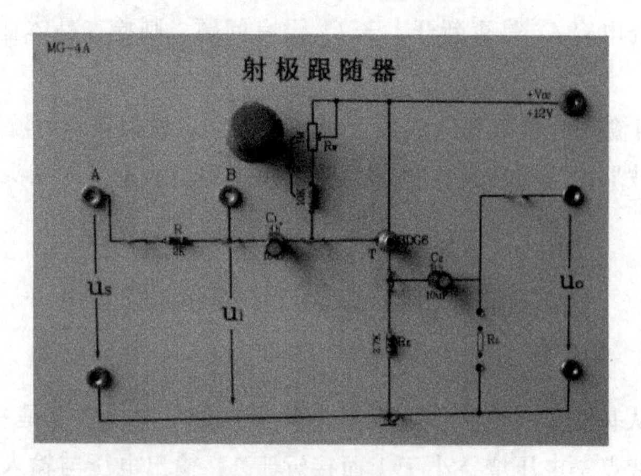

图 2.60　实物电路板

分析直流通路，静态工作点如下：

$$I_{BQ}=\frac{12-V_{BE}}{R_{W1}+R_2+(1+\beta)R_E} \tag{2-23}$$

$$I_{EQ} \approx I_{CQ} = \beta I_{BQ} \tag{2-24}$$

$$V_{CEQ} = 12 - I_{EQ}R_E \tag{2-25}$$

分析交流等效电路，动态性能指标如下：

$$A_u = \frac{(1+\beta)(R_E \parallel R_L)}{r_{be} + (1+\beta)(R_E \parallel R_L)} \tag{2-26}$$

$$R_i = R_B // [r_{be} + (1+\beta)(R_E // R_L)] \tag{2-27}$$

$$R_o = \frac{r_{be}}{1+\beta} \parallel R_E \tag{2-28}$$

由以上公式可知，由于一般有 $(1+\beta)(R_E \parallel R_L) \gg r_{be}$，所以 $A_u \approx 1$；由于 $i_e \gg i_b$，因而仍有功率放大作用。输入电阻比共射放大电路大得多，可达几十千欧到几百千欧；输出电阻很小，R_o 可达到几十欧姆。因而，此电路从信号源索取电流小且带负载能力强，所以常用于多级放大电路的输入输出极，也常作为联接缓冲作用。

三、预习要求

（1）参照教材有关章节内容，熟悉射极跟随电路原理及特点。

（2）根据图 2.59 设置元器件参数，估算静态工作点。

（3）估算电压放大倍数、输入电阻、输出电阻，设 $\beta = 100$。

四、实验内容及要求

1. 连接电路

连接电路按图 2.59 所示的电路连接电路板。

2. 调整静态工作点

将 +12V 电源接通，在 B 点加入频率为 1kHz、幅度有效值为 1V 的正弦波信号，用示波器观察输出端波形，反复调整 R_{W1} 及输入信号幅度，使输出端得到一个不失真的正弦波形，然后断开输入信号，用万用表测量晶体管各极对地的电位，即该放大器静态工作点，将所测数据填入表 2－13 中。

表 2－13　静态工作点测量值

V_B/V	V_E/V	V_C/V	I_C/mA	R_{W1}

3. 测量电压放大倍数 A_V

接入负载 $R_L = 1k\Omega$。在 B 点加入频率为 1kHz 的正弦波信号，调输入信号幅度(此时不需改变偏置电位器 R_{W1} 的值，即不改变静态工作点)，记录输出信号幅度 V_L，将所测数据填入表 2-14 中。

表 2-14　电压放大倍数的测量

V_i/V	V_L/V	$A_V = V_L/V_i$	A_V 估算值($R_L = 1k\Omega$)

4. 测量输出电阻 R_o

在 B 点加入频率为 1kHz 正弦波信号，输入电压有效值为 1V 左右，接上负载 $R_L = 2k\Omega$ 时，用示波器观察输出波形，测量空载时输出电压 V_o ($R_L = \infty$)，加负载时输出电压 V_L ($R_L = 2k\Omega$)的值，则

$$R_o = \left(\frac{V_o}{V_L} - 1\right) R_L \tag{2-29}$$

将所测数据填入表 2-15 中。

表 2-15　输出电阻测量值

V_i/V	V_o/V	V_L/V	R_o/Ω	R_o(估算值)

5. 测量放大电路输入电阻 R_i

改变输入信号的位置，将频率为 1kHz 的正弦波信号加在 A 点，用示波器观察输出波形，用示波器分别测 A、B 点对地电位 V_s、V_i。那么，输出电阻可根据式(2-30)计算得出：

$$R_i = \frac{V_i}{V_s - V_i} R_s = \frac{R_s}{\dfrac{V_s}{V_i} - 1} \tag{2-30}$$

将测量数据填入表 2-16 中。

表 2-16　输入电阻测量值

V_S/V	V_i/V	R_i/kΩ	R_i(估算值)

6. 测射极跟随电路的跟随特性

接入负载 $R_L = 2k\Omega$，在 B 点加入频率为 1kHz 的正弦波信号，逐点增大输入信号幅度

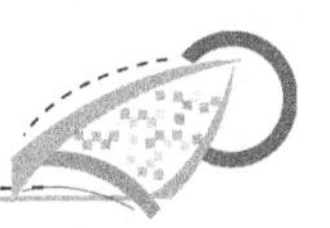

V_i，用示波器观察输出信号，测量对应的输出电压 V_L 值，计算出 A_V，将所测数据填入表 2－17 中。经测试，最大不失真输出电压幅度为________V。

表 2－17　射极跟随电路的跟随特性测量

V_i	1V	5V	12V	15V
V_L				
A_V				

五、实验设备与器件

序号	仪器或器件名称	型号或规格	数量
1	高频/模拟电路实验箱	THMG-1	1
2	函数信号发生器	SU3035DDS	1
3	数字示波器	DS1102E	1
4	数字万用表	MY61	1
5	射极输出器电路板	MG-4A	1
6	电阻	2kΩ	1

六、注意事项

（1）当测量输入输出电阻时，不仅输出信号要用数字示波器读数，输入信号也要用数字示波器读数，避免误差过大。

（2）注意测量不同参数时，输入信号的接入位置。

（3）在观察放大器的输出波形时，要注意放大器、信号源与示波器共地。

七、思考题

（1）射极跟随器最大输出电压是多少？受什么因素限制？

（2）射极跟随器为什么不采用分压式偏置电路？静态工作点的稳定性对电路动态性能有什么样的影响？

八、常见故障及解决方法

故障现象 1：静态工作点不正常。

解决：首先检查电源是否正确接入，然后检查与此管有关联的几个电阻是否有虚焊、脱焊的情况。

故障现象 2：电路接通之后，输出端没有波形输出。

解决：检查晶体管的静态工作点设置是否正确，如果静态工作点不对，则需要更换晶体管。

故障现象 3：输出波形幅度与理论值不符或输出波形不稳定。

解决：检查电路板输入输出端是否共地。

2.6 差分放大器实验

差分放大器是能把两个输入电压的差值加以放大的电路，也被称为差动放大器。这是一种用于抑制零点漂移的直接耦合放大器，常用作多级放大电路的输入级，是构成集成电路的基本单元。差分放大器有两个输入端口和两个输出端口，因此可以构成双端输入双端输出、双端输入单端输出、单端输入双端输出、单端输入单端输出 4 种形式，本实验以单端输入为例，测试差分放大器双端输出及单端输出时的性能指标。

一、实验目的

(1) 加深对差分放大器性能及特点的理解。

(2) 学习差分放大器主要性能指标的测试方法。

(3) 解决在调试过程中可能出现的问题和故障，总结调试过程中的经验和教训。

二、实验原理

图 2.61 是差分放大器电路的基本原理，而图 2.62 是差分放大器实验板实物。它由两个元件参数相同的基本共射放大电路组成，其中 T_1、T_2 参数的一致性尤为重要。

当开关 K 拨向左边时，构成长尾式差分放大器。调零电位器 R_P 用来调节 T_1、T_2 管的静态工作点，使得输入信号 $V_i=0$ 时，双端输出电压 $V_o=0$。R_E 为两管共用的发射极电阻，它对差模信号无负反馈作用，因而不影响差模电压放大倍数，但对共模信号有较强的负反馈作用，故可以有效地抑制零漂，稳定静态工作点。

当开关 K 拨向右边时，构成具有恒流源的差分放大器。它用由 T_3 组成的晶体管恒流源电路代替发射极电阻 R_E，能进一步提高差动放大器抑制共模信号的能力。

1. 静态工作点的估算

典型电路如图 2.61 所示，射极电流和集电极电流的公式如式(2-31)和式(2-32)所示。

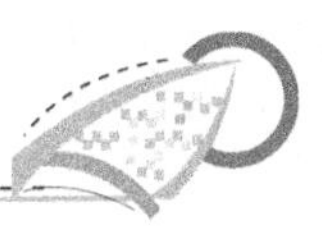

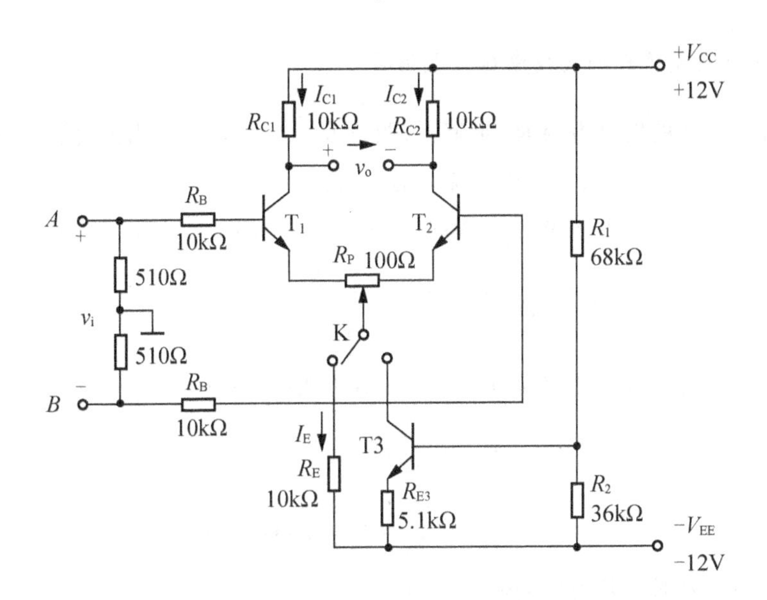

图 2.61 差分放大器电路基本原理

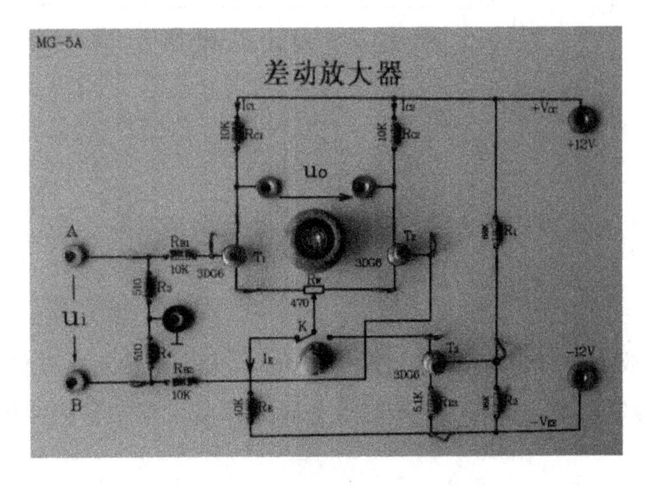

图 2.62 差动放大器实验板实物

图 2.61 中的 T_3 管和电阻 R_1、R_2、R_{E3} 组成恒流源电路。T_3 管的集电极电流和射极电流如式(2-33)和式(2-34)所示。

$$I_E \approx \frac{|V_{EE}| - V_{BE}}{R_E} \quad (\text{认为 } V_{B1} = V_{B2} \approx 0) \tag{2-31}$$

$$I_{C1} = I_{C2} = \frac{1}{2} I_E \tag{2-32}$$

$$I_{C3} \approx I_{E3} \approx \frac{\dfrac{R_2}{R_1 + R_2}(V_{CC} + |V_{EE}|) - V_{BE}}{R_{E3}} \tag{2-33}$$

$$I_{C1} = I_{C2} = \frac{1}{2} I_{C3} \tag{2-34}$$

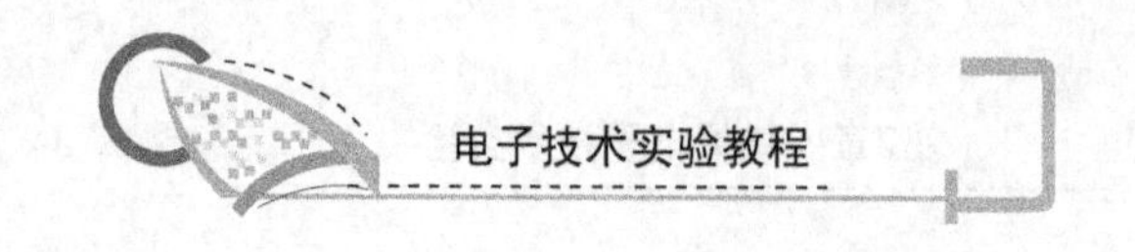

2. 差分电压放大倍数和共模电压放大倍数

如果差分放大器的射极电阻 R_E 足够大(假设 $R_E=\infty$)，或采用恒流源电路，则差模电压放大倍数 A_d 由输出方式决定，而与输入方式无关。

双端输出：$R_E=\infty$，R_P 在中心位置时，差分放大电路的放大倍数为式(2-35)所示。

$$A_d=\frac{\Delta V_o}{\Delta V_i}=-\frac{\beta R_C}{R_B+r_{be}+\frac{1}{2}(1+\beta)R_P} \tag{2-35}$$

单端输出时，每个管子的差模电压放大倍数为式(2-36)和式(2-37)所示。

$$A_{d1}=\frac{\Delta V_{C1}}{\Delta V_i}=\frac{1}{2}A_d \tag{2-36}$$

$$A_{d2}=\frac{\Delta V_{C2}}{\Delta V_i}=-\frac{1}{2}A_d \tag{2-37}$$

当输入共模信号时，若为单端输出，则有

$$A_{C1}=A_{C2}=\frac{\Delta V_{C1}}{\Delta V_i}=\frac{-\beta R_C}{R_B+r_{be}+(1+\beta)(\frac{1}{2}R_P+2R_E)}\approx-\frac{R_C}{2R_E} \tag{2-38}$$

若为双端输出，在理想情况下，则有

$$A_C=\frac{\Delta V_o}{\Delta V_i}=0 \tag{2-39}$$

实际上，由于元件不可能完全对称，因此 A_C 也不会绝对等于零。

3. 共模抑制比 K_{CMR}

为了表征差分放大器对有用信号(差模信号)的放大作用和对共模信号(很多情况下是一种共模干扰)的抑制能力，通常用一个综合指标来衡量，即共模抑制比 K_{CMR}，其定义式如式(2-40)所示。

$$K_{CMR}=\left|\frac{A_d}{A_c}\right| \quad 或 \quad K_{CMR}=20\lg\left|\frac{A_d}{A_c}\right| \tag{2-40}$$

差分放大器的输入信号可采用直流信号也可采用交流信号。本实验由函数信号发生器提供频率 $f=1\text{kHz}$ 的正弦信号作为输入信号。

三、预习要求

(1) 根据实验电路参数，估算长尾式差分放大电路和具有恒流源的差分放大电路的静态工作点及差模电压放大倍数(取 $\beta_1=\beta_2=100$)。

(2) 思考当测量静态工作点时，放大器输入端 A、B 与地应如何连接?

(3) 思考实验中如何获得双端和单端输入差模信号? 如何获得共模信号? 画出 A、B

端与信号源之间的连接图。

(4) 应该怎样进行静态时零点的调节？用什么仪器测量 V_o？

(5) 当测量双端输出电压 V_o 时，应该选用什么仪器？应该如何测量？

四、实验内容及要求

本实验电路包含两种类型的电路，一种是简单的差分放大器，另一种是具有恒流源的差分放大电路。首先进行简单差分放大器的测试，然后将具有恒流源的差分放大电路与之进行比较。

1. 简单差分放大器性能测试

按图 2.61 连接实验电路，开关 K 拨向左边构成典型差分放大器。

1) 静态工作点测量

(1) 调节放大器零点。首先不接入信号源，将放大器输入端 A、B 与地短接，接通 ±12V 直流电源，用直流电压表(或数字万用表)测量输出电压 V_o，调节调零电位器 R_P，使 $V_o=0$。调节要仔细、耐心，力求准确。

(2) 测量静态工作点。零点调好以后，用直流电压表测量 T_1、T_2 管各电极电位及射极电阻 R_E 两端电压 V_{R_E}，将测量数据记入表 2-18 中。

表 2-18　静态工作点测量数据表

测量值	V_{C1}/V	V_{B1}/V	V_{E1}/V	V_{C2}/V	V_{C2}/V	V_{E2}/V	V_{R_E}/V

计算值	I_C/mA	I_B/mA	V_{CE}/V

2) 测量差模电压放大倍数

断开直流电源，将函数信号发生器的输出端接放大器输入 A 端，地端接放大器输入 B 端构成单端输入方式，调节输入信号为频率 $f=1$kHz 的正弦信号，并使输出旋钮旋至零，用示波器监视输出端(集电极 C_1 或 C_2 与地之间)。

接通±12V 直流电源，逐渐增大输入电压 V_i (约 100mV)，在输出波形无失真的情况下，用示波器测 V_i、V_{C1}、V_{C2}，记入表 2-19 中，并观察 V_i、V_{C1}、V_{C2} 之间的相位关系及 V_{R_E} 随 V_i 改变而变化的情况。

3) 测量共模电压放大倍数

将放大器 A、B 短接，信号源接 A 端与地之间构成共模输入方式，调节输入信号 $f=1$kHz，$V_i=1$V，在输出电压无失真的情况下，测量 V_{C1}、V_{C2} 的值，记入表 2-19 中，并观

察 V_i、V_{C1}、V_{C2} 之间的相位关系及 V_{R_E} 随 V_i 改变而变化的情况。

表 2-19　电压放大倍数测量数据表

	典型差分放大电路		具有恒流源差分放大电路	
	单端输入	共模输入	单端输入	共模输入
V_i	100mV	1V	100mV	1V
V_{C1} /V				
V_{C2} /V				
$A_{d1}=\frac{V_{C1}}{V_i}$		—		—
$A_d=\frac{V_o}{V_i}$		—		—
$A_{c1}=\frac{V_{C1}}{V_i}$	—		—	
$A_c=\frac{V_o}{V_i}$		—		—
$K_{CMR}=\left\lvert\frac{A_{d1}}{A_{c1}}\right\rvert$		—		—

2. 典型恒流源差动放大电路性能测试

将图 2.62 所示的电路中开关 K 拨向右边，构成具有恒流源的差分放大电路。重复上述内容中 2)、3)的要求，并将测量数据记入表 2-19 中。

五、实验设备与器件

序号	仪器或器件名称	型号或规格	数量
1	高频/模拟电路实验箱	THMG-1	1
2	函数信号发生器	SV3035DDS	1
3	数字示波器	DS1102E	1
4	数字万用表	MY61	1
5	差动放大器印刷电路板	MG-5A	1
6	晶体管	3DG6(或其他 NPN 管)	3

注：除了 3DG6 外，还可使用电流放大系数接近的其他 NPN 管，如 9013、8050 等高频小功率晶体管进行替换，效果相同。

六、注意事项

（1）不要带电操作，要严格遵守实验规程。

（2）检查导线是否有断线或接触不良情况。

（3）检查差动放大器印刷电路板上各件是否完好、是否有缺件或断脚或接触不良现象。

（4）电源极性不得接反，以免损坏器件。

（5）为避免外界干扰和仪器串扰，对实验结果带来影响，导致测量误差增大，所有仪器的“地”电位端与实验电路的“地”电位端必须可靠连接在一起，即“共地”。

（6）函数信号发生器作为信号源，它的输出端不允许短路。

七、思考题

（1）如果 K 断开，则会出现什么情况？

（2）当单端输入时，没有信号输入的晶体管的组态是什么？

（3）单纯增加 R_E的值是否可以达到恒流源同样的效果？

八、常见故障及解决方法

故障现象 1：静态工作点不正常。

解决：首先检查双电源是否正确接入，特别注意公共地是否接入到 A、B 两点间的正确位置；其次如果是某个管子的静态工作点不正常，则检查与此管子有关联的几个电阻是否有虚焊、脱焊的情况。

故障现象 2：差分信号不放大。

解决：首先检查信号源是否正常输出信号；其次检查信号源的地线是否正确接到电源的地或者板上的地；最后检查恒流源部分的元件是否有问题(虚焊、脱焊或者损坏)。

故障现象 3：共模信号有放大。

解决：除按照上述方法检查电路中的各相关元件外，主要看信号接入的位置是否正确(即是否接在了输入端与地之间)，然后检查 A、B 两点是否可靠短接。

故障现象 4：恒流源模式时电路无法放大差模信号。

解决：检查开关 K 是否与 T_3 集电极可靠连接，再检查 T_3 的基极、发射极电位是否正常(学生可根据图 2.61 中所示的各元件参数自行计算正确值)，检查电阻是否虚焊、脱焊、错焊，检查晶体管是否完好。

2.7 负反馈放大电路实验

负反馈在电子电路中有着非常广泛的应用，虽然它使放大器的放大倍数降低，但能在多方面改善放大器的动态指标，如稳定放大倍数，改变输入、输出电阻，减小非线性失真和展宽通频带等。因此，几乎所有的实用放大器都带有负反馈。负反馈放大器有 4 种组态，即电压串联、电压并联、电流串联、电流并联。本实验以电压串联负反馈为例，分析负反馈对放大器各项性能指标的影响。

一、实验目的

(1) 掌握两级阻容耦合放大电路静态工作点的调试方法。

(2) 加深理解放大电路中引入负反馈的方法。

(3) 加深理解负反馈对放大器各项性能指标的影响。

(4) 掌握测量多级放大电路的放大倍数、输入电阻、输出电阻和通频带宽的方法。

(5) 进一步巩固前面实验中已用过的数字示波器、函数信号发生器等电子仪器的使用方法。

二、实验原理

图 2.63 为带有负反馈的两级阻容耦合放大电路的实验电路，在电路中通过 R_f 把输出电压 v_o 引回到输入端，加在晶体管 T_1 的发射极上，在发射极电阻 R_{E1} 上形成反馈电压 v_{of}。根据反馈的判断法可知，它属于电压串联负反馈。图 2.64 为实验线路板实物。

负反馈电路要正常的工作，首先必须对两级放大电路各自设置合理的静态工作点，由于两级电路是阻容耦合方式，因此两级静态工作点互不干扰，静态工作点的调节方法见实验 2.4。

对于两级阻容耦合放大电路而言，总的电压放大倍数为两级放大电路放大倍数的乘积，总的输入电阻为第一级放大电路的输入电阻(第二级放大电路的输入电阻可看成是第一级放大电路的负载)，总的输出电阻为第二级放大电路的输出电阻(第一级放大电路可以看成是第二级放大电路的信号源)。以上 3 个参数的测量与单管共发射极放大电路的测试方法一致，此处不再赘述。

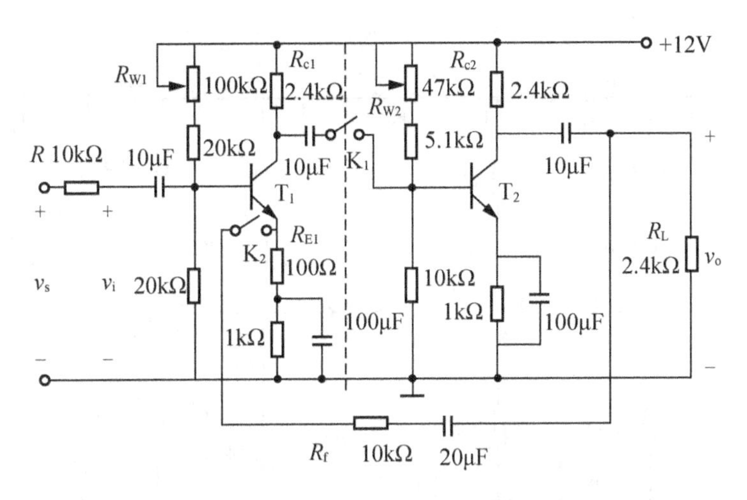

图 2.63　带有电压串联负反馈的两级阻容耦合放大电路

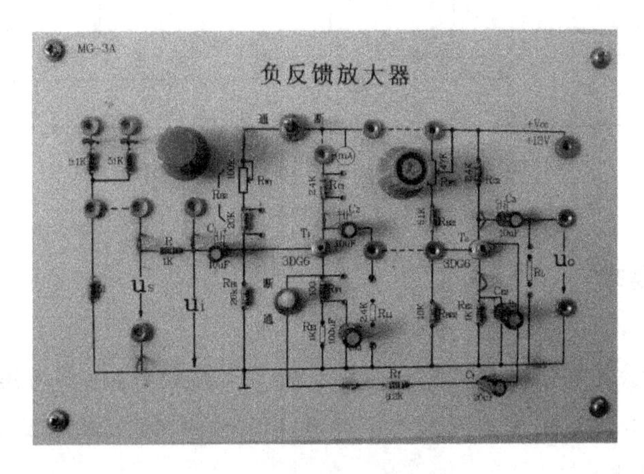

图 2.64　实验电路板实物

三、预习要求

(1) 复习教材中有关单管放大电路的原理及内容，掌握不失真放大电路的调整方法。

(2) 复习负反馈的基本概念、类型和性能，熟悉电压串联负反馈的工作原理及对电路性能的影响。

(3) 按图 2.63 所示的实验电路估算放大器的静态工作点(取 $\beta_1=\beta_2=100$)。

(4) 估算基本放大器的电压放大倍数 A_V、输入电阻 R_i 和输出电阻 R_o；估算负反馈放大器的 A_{Vf}、R_{if} 和 R_{of}，并验算它们之间的关系。

(5) 在 NI Multisim 10 仿真软件中按图 2.63 所示的参数搭建电路，并按实验内容进行仿真，仿真电路如图 2.65 所示。

(6) 熟悉所用仪器仪表的型号、规格、量程及使用方法。

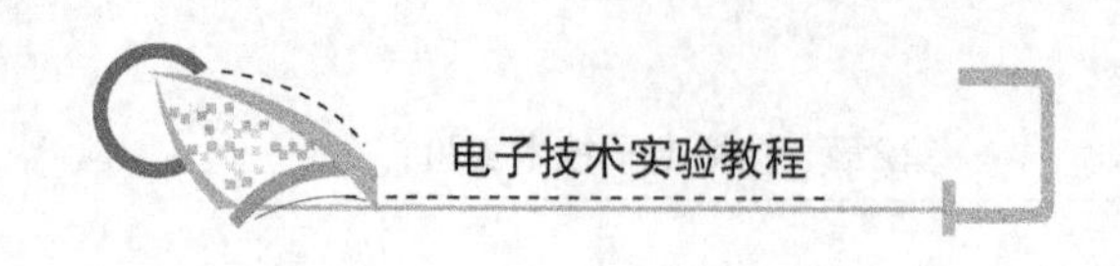

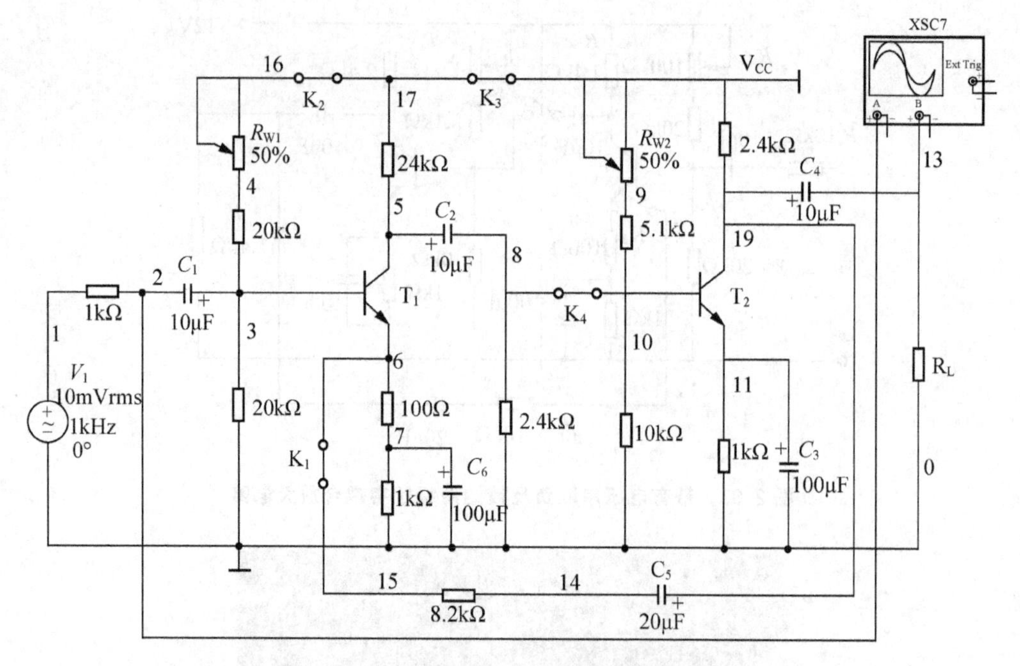

图 2.65　Multisim 10 中的仿真电路图

四、实验内容及要求

按照图 2.63 所示的电路图连接基本电路：将 $\mathrm{T_1}$ 管基极电位器与集电极偏置电阻之间的开关接通，R_{c1} 与 $+12\mathrm{V}$ 电源之间的 3 个插孔用导线连接(本实验采用间接法测电流 I_c，因此不需要接入电流表)。

1. 测量单管放大电路的性能指标

测量单管放大电路的静态工作点。将反馈通路的开关断开(切断极间负反馈)，R_{W1} 与 R_{W2} 调至最大，将 $+12\mathrm{V}$ 直流电源接到线路板上($V_{CC}=+12\mathrm{V}$)，两个单管放大电路的输入端均接地($v_i=0$)。接通 $+12\mathrm{V}$ 电源，调节 R_{W1} 与 R_{W2}，用直流电压表分别测量第一级、第二级的静态工作点，即测量管子各极电位(为保证输入信号加入之后输出波形不发生失真，三极管集电极电位 V_C 参考数值为 8V 左右)，记入表 2－20 中，根据测得的电压数值，计算相应的集电极电流 I_C。

表 2－20　各级静态工作点测量值

级别	V_B/V	V_E/V	V_C/V	I_C/mA
第一级				
第二级				

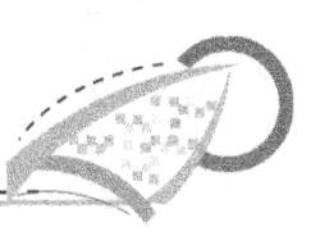

2. 测量两级放大电路的性能

将反馈通路的开关断开(切断极间负反馈)，两级放大电路用导线连接。

1）测放大器电压放大倍数 A_{VL}（有负载）和 A_V（无负载）

输入端 v_i 接入频率 1kHz、幅度有效值为 3mV 的正弦波信号(先用交流毫伏表校准，然后接入放大器)，负载开路，用示波器观察输出波形，在输出波形无失真的情况下，由数字示波器读出输出电压有效值 V_o，接入负载电阻 R_L（2.4kΩ），测输出电压有效值 V_{oL}，计算放大倍数 A_{VL}、A_V 以及放大倍数的相对变化量 $(A_V-A_{VL})/A_V$，填入表 2－21 中。

2）测量放大器的输入电阻 R_i

将频率 1kHz、幅度有效值为 3mV 的正弦波信号接入 v_s 端口(相当于将 R 接入电路)，加大输入信号电压，使放大器输出电压 V_o 等于 1)中未接入 R 时的电压，用示波器测出此时输入信号电压有效值 V_s 和 V_i，按照 2.4 节中介绍的方法计算出 R_i，并填入表 2－21 中。

表 2－21　放大电路性能指标测试值

基本放大器	V_s/mV	V_i/mV	V_{oL}/V	V_o/V	A_{VL}	A_V	$\frac{A_V-A_{VL}}{A_V}$	R_i/kΩ	R_o/kΩ
负反馈放大器	V_{sf}/mV	V_{if}/mV	V_{oLf}/V	V_{of}/V	A_{VLf}	A_{lf}	$\frac{A_{VF}-A_{VL}}{A_{Vf}}$	R_{if}/kΩ	R_{of}/kΩ

3）测量放大器的输出电阻 R_o

在放大器正常工作条件下，测出输出端不接负载的输出电压 V_o 和接入负载(R_L＝2.4kΩ)后的输出电压 V_{oL}，按照 2.4 节中介绍的方法求出输出电阻 R_o，填入表 2－21 中。

4）测量通频带：测放大器下限频率 f_L 和上限频率 f_H

将两级放大电路接通，输入信号幅度有效值为 3mV 并保持不变，然后用数字示波器测输入信号频率为 1kHz 时的输出电压有效值 V_o。在保证输入信号幅度不变的条件下，降低信号频率，直到示波器上输出电压有效值下降到原来输出 V_o 的 70.7%，此时输入信号的频率即 f_L。若实验所使用的不是低频信号发生器，则上限频率 f_H 亦可用类似的方法测得。将测出的 f_L、f_H 填入表 2－22 中。

表 2－22　放大器上限频率与下限频率测量值

基本放大器	f_L/kHz	f_H/kHz	Δf/kHz	负反馈放大器	f_{Lf}/kHz	f_{Hf}/kHz	Δf_f/kHz

3. 测量负反馈对放大器性能的影响

将反馈通路的开关合上，形成一个两级电压串联负反馈放大器。重复步骤 2 中的实验步骤，将结果分别填入表 2 - 21 与表 2 - 22 中。需要注意的是，在测量负反馈电路的输出电阻时，考虑到负反馈对输出电阻的影响，为降低测量误差，所接负载电阻 $R_L = 1\text{k}\Omega$。

通过步骤 2 与步骤 3 的测量结果，比较有级间反馈和无反馈时，电压放大倍数、输入电阻、输出电阻、通频带有何变化。

4. 测量负反馈对失真的改善作用(选做)

(1) 将反馈通路断开，逐步加大输入信号的幅度，使输出信号刚出现失真(注意不要过份失真)，记录失真波形幅度 $V_o =$ ________。

(2) 将反馈通路接通，保持输入信号的幅度不变，观察输出情况，此时输出波形幅度 $V_o =$ ________。

五、实验设备与器件

序号	仪器或器件名称	型号或规格	数量
1	高频/模拟电路实验箱	THMG-1	1
2	函数信号发生器	SU3035DDS	1
3	数字示波器	DS1102E	1
4	数字万用表	MY61	1
5	负反馈放大器电路板	MG-3A	1
6	电阻	2.4kΩ、1kΩ	若干

六、注意事项

(1) 实验开始前，应先检查本组的元器件设备是否齐全完备，校准示波器，检查导线与各种接线是否有短线或接触不良的现象，了解线路的组成和接线要求。

(2) 实验时每组同学应分工协作，轮流接线、记录、操作等，使每个同学受到全面训练。

(3) 实验电路走线、布线应简洁明了，便于测量。

(4) 当完成实验系统接线后，必须进行复查，尤其电源极性不得接反，确定无误后，方可通电进行实验，绝对不允许带电操作。如发现异常声、味或其他事故情况，应立即切断电源，报告指导教师检查处理。实验中严格遵循操作规程，改接线路和拆线一定要在断电的情况下进行。

(5) 测量数据或观察现象要认真细致，实事求是。使用仪器仪表要符合操作规程，切

勿乱调旋钮档位。注意仪表的正确读数。

七、思考题

(1) 若整个放大电路输出波形发生失真，则是什么原因造成的？应如何解决？

(2) 根据计算结果，分析两级放大电路放大倍数 A_V 与单管放大倍数 A_{V1}、A_{V2} 间的关系，总结两级放大器放大倍数的特点。

(3) 如按深度负反馈估算，则闭环电压放大倍数 A_{VF} 是多少？和测量值是否一致？为什么？

(4) R_f 的大小对电路的反馈深度有无影响？

(5) R_{E1} 的大小对电路的反馈深度有无影响？

八、常见故障及解决方法

故障现象 1：当测试第二级放大电路的静态工作点时，晶体管集电极电位为 12V。

解决：首先检查电阻 R_{C2} 是否断开，若 R_{C2} 没有问题，则检查晶体管静态工作点是否合适。

故障现象 2：将反馈通路的开关接通之后，输出信号没有变化。

解决：检查反馈通路中的电阻和电容是否有断点或虚焊点，若无问题，则检查开关是否没有焊接好。

故障现象 3：输出波形发生截止失真或饱和失真。

解决：首先检查第一级电路的输出信号是否发生失真，若第一级输出有失真，则调节第一级电路的静态工作点；若第一级电路输出信号无失真，则只需调节第二级电路的静态工作点，或者改变输入信号的幅度。

2.8　RC 串并联网络(文氏桥)振荡器实验

从电路的总体结构上看，正弦波振荡器电路是一个没有输入信号的电路，其反馈网络除了负反馈的部分外，就是带选频网络的正反馈放大电路。若用 R、C 元件组成这个选频网络，就称为 RC 振荡器。RC 振荡器一般用来产生 1Hz～1MHz 的低频信号。本实验提供了两种实验电路供测试和验证，一种是采用两级共射极分立元件放大器组成的 RC 正弦波振荡器，另外一种是采用集成运算放大电路组成的 RC 正弦波振荡器。

一、实验目的

(1) 进一步学习 RC 正弦波振荡器的组成及其振荡条件。

(2) 学会测量、调试振荡电路。

(3) 学会排除在电路调试过程中可能出现的故障。

二、实验原理

采用两级共射极分立元件放大器组成的 RC 正弦波振荡器电路如图 2.66 所示(图 2.67 是分立元件振荡器实验板实物)，采用集成运算放大电路组成的 RC 正弦波振荡器电路如图 2.68 所示(选做)。电路的振荡频率由选频网络中的 R、C 元件决定，即振荡频率如式(2-41)所示。

$$f_0 = \frac{1}{2\pi RC} \tag{2-41}$$

振荡电路的起振需满足振幅条件 $|\dot{A}| > 3$。

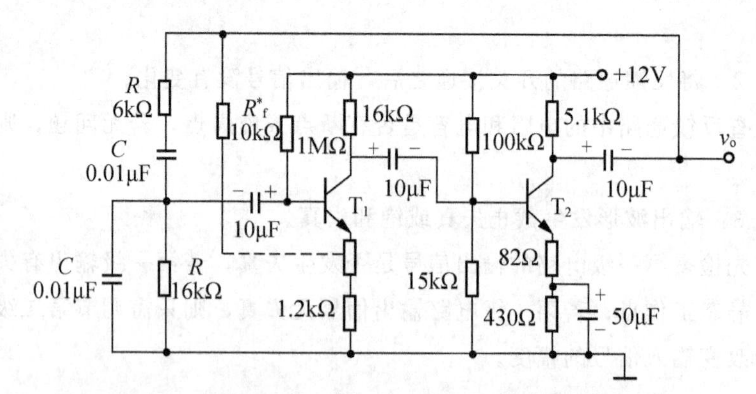

图 2.66　分立元件放大器组成的 RC 串并联选频网络振荡器

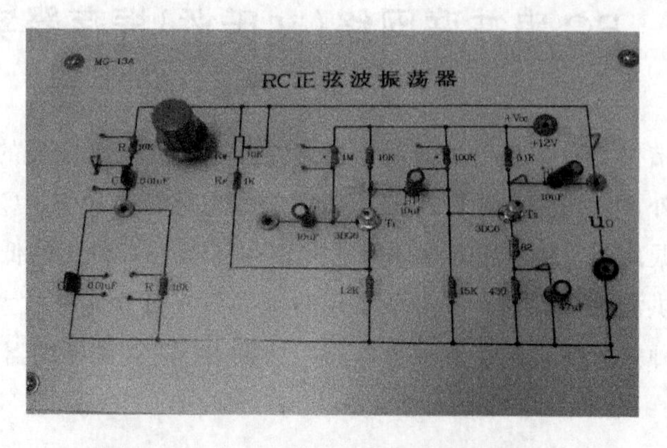

图 2.67　分立元件 RC 振荡器实验板实物

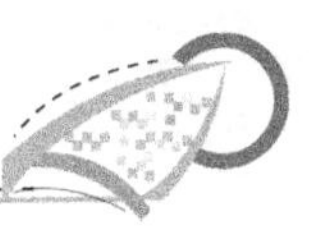

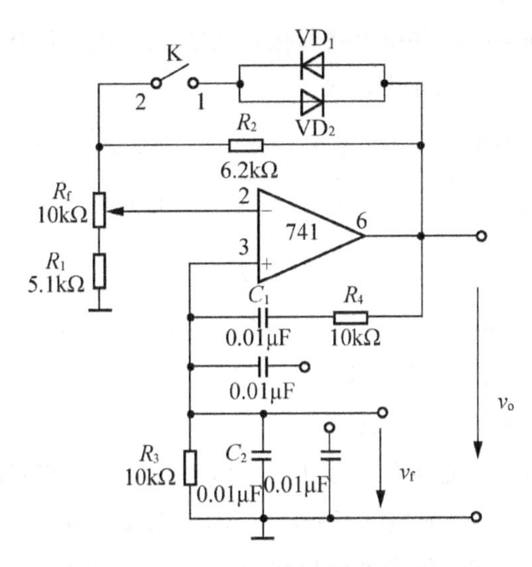

图 2.68 集成运放构成的 RC 串并联选频网络振荡器

无论是图 2.66 还是图 2.67，两个电路均具有如下特点。

(1) 可方便地通过更换电阻(或电容)改变振荡频率。

(2) 便于加负反馈稳幅。

(3) 容易得到良好的振荡波形。

三、预习要求

(1) 复习教材有关 RC 振荡器的结构与工作原理。

(2) 计算电路的振荡频率。

(3) 掌握使用示波器测量电路的输出信号幅度和频率的方法。

四、实验内容及要求

1. 分立元件 RC 串并联选频网络振荡器(以下实验内容以图 2.66 为例)

(1) 断开 RC 串并联网络，测量放大器的静态工作点及电压增益。

分别测出两级放大电路三极管的基极(B)、集电极(C)和发射极(E)电压，填入表 2 - 23 中，然后输入电压有效值为 5mV、频率为 1kHz 的正弦波，测输出电压值，求电压增益。

表 2 - 23 两级静态工作点的测量值

级别	V_B	V_C	V_E
第一级			
第二级			

(2) 接通 RC 串并联网络，并使电路起振，调节 R_f，用示波器观测输出电压 v_o 波形，记录波形及其参数，填入表 2-24 中。

表 2-24　输出电压 v_o 波形及其参数的测量值

R/Ω	v_o 波形	v_o 的值	v_o 的频率	频率的理论计算值
16k				
16k//10k				

(3) 改变 R 值，在 R 旁边并联 10kΩ 的电阻，观察振荡频率变化情况。

(4) RC 串并联网络幅频特性的观察。

将 RC 串并联网络与放大器断开，打开函数信号发生器，使其输出正弦信号，并注入 RC 串并联网络，保持输入信号的幅度不变(约 3V)，调整函数信号发生器的输出频率，使其由低到高变化，观察 RC 串并联网络输出幅值，并注意其随频率变化的规律。当信号源处于某一频率附近时，RC 串并联网络的输出会达到最大值(约 1V)，且输入、输出同相位，此时信号源频率如式(2-42)所示。

$$f = f_0 = \frac{1}{2\pi RC} \tag{2-42}$$

2. 集成运放 RC 串并联选频网络振荡器(选做)

仿照上述方法，重复各实验步骤。

五、实验设备与器件

序号	仪器或器件名称	型号或规格	数量
1	高频/模拟电路实验箱	THMG-1	1
2	函数信号发生器	SU3035DDS	1
3	数字示波器	DS1102E	1
4	数字万用表	MY61	1
5	振荡器印刷电路板	MG-13A	1
6	电阻	10kΩ(色环 10%)	1

六、注意事项

(1) 不要带电操作，要严格遵守实验规程。

(2) 检查导线是否有断线或接触不良情况。

(3) 检查振荡器印制电路板上各件是否完好，是否有缺件或断脚或接触不良现象。

(4) 电源极性不得接反，以免损坏器件。

(5) 为避免外界干扰和仪器串扰，对实验结果带来影响，导致测量误差增大，所有仪器的“地”电位端与实验电路的“地”电位端必须可靠连接在一起，即“共地”。

(6) 函数信号发生器作为信号源，它的输出端不允许短路。

(7) 10kΩ 电阻在使用前应确认其阻值(采用读色环或用万用表测量的方式)。

七、思考题

(1) 负反馈支路中的 R_f 能起到什么作用？分析其工作原理。

(2) 为保证振荡电路正常工作，电路参数应满足哪些条件？

(3) 振荡频率的变化与电路中的哪些元件有关？

八、常见故障及解决方法

故障现象 1：无正反馈时正弦信号无放大。

解决：测量两级放大电路的静态工作点，确保其处在放大区的合适电平上，如果某一级的电平不正常，则应检查该级的元件(电阻、三极管)是否有虚焊、脱焊现象、是否三极管已损坏。若工作点正常，则检查两级的输入电容是否虚焊、脱焊。

故障现象 2：无正反馈时正弦信号放大波形失真。

解决：方法与故障现象 1 类似，重点检查工作点不正确的一级电路的偏置电阻是否有阻值漂移或错焊其他阻值电阻的情况。

故障现象 3：有正反馈时电路不起振。

解决：检查正反馈通道的各元件是否焊接良好，检查反馈网络与第一级放大电路间的连接是否正常，检查放大电路电压增益是否大于 3。

故障现象 4：有反馈时振荡频率与计算值不符。

解决：检查反馈网络的电阻或电容标称值是否与设计要求相符，如果无法读出(或测出)其具体值，则可直接用正确的元件予以替换。

2.9　OTL 功率放大器实验

用于向负载提供功率的放大电路称为功率放大电路，其实际应用非常广泛，如驱动扬声器发声、电动机转动等。功率放大电路在多级放大电路中位于输出级，通常工作在大信号情况下，与小信号放大电路不同，它要求输出功率尽可能大，输出非线性失真尽可能小，电路效率尽可能高。常用的功率放大电路有 OTL、OCL 互补对称功率放大电路和集成音频功率放大器等。目前，OTL 互补对称功率放大器是一种应用较广泛的功放电路，其特点是输出端不需要变压器，只需要一个大容量电容和单电源供电。

一、实验目的

（1）进一步理解 OTL 功率放大器的工作原理。

（2）学习电路静态工作点的调整方法。

（3）熟悉自举电路在 OTL 功率放大电路中的作用。

（4）观察交越失真，掌握最大不失真电压的测量方法。

（5）掌握 OTL 电路的调试及主要性能指标的测试方法。

二、实验原理

分立元件功率放大电路根据三极管导通时间不同，可分为甲类、乙类、甲乙类等工作状态。甲类功率放大电路中的三极管在输入信号的整个周期内都导通，没有信号输入时，静态工作电流大，管耗大，效率低但是非线性失真小。乙类功率放大电路中的三极管仅在输入信号的半个周期内导通，没有信号输入时不消耗功率，因而管耗小、效率高但非线性失真大。甲乙类功率放大电路的管耗和效率介于甲类和乙类之间。

图 2.69 所示为 OTL 低频功率放大器的电路(图 2.70 为实验电路板实物)。其中，T_1 为推动级(也称前置放大级)，T_2、T_3 是一对参数对称的 NPN 和 PNP 型晶体三极管，它们组成互补推挽 OTL 功放电路。T_1 管工作于甲类状态，它的集电极电流 I_{C1} 由电位器 R_{W1} 进行调节，I_{C1} 的一部分流经电位器 R_{W2} 及二极管 D，给 T_2、T_3 管提供偏压。调节

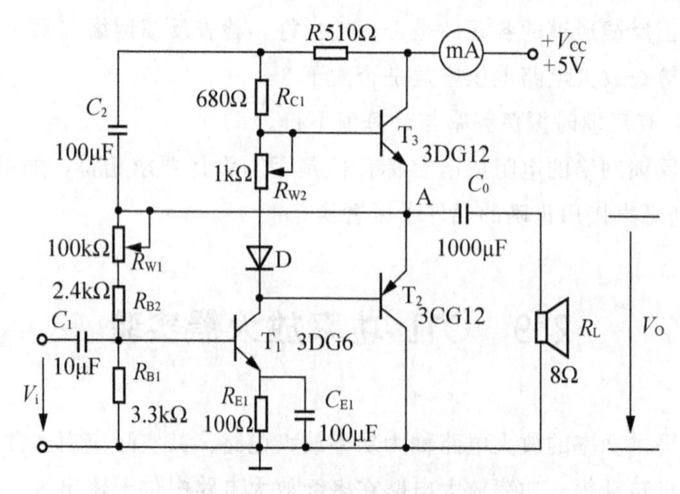

图 2.69 OTL 功率放大器电路

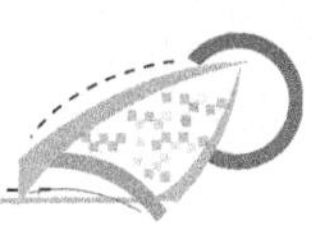

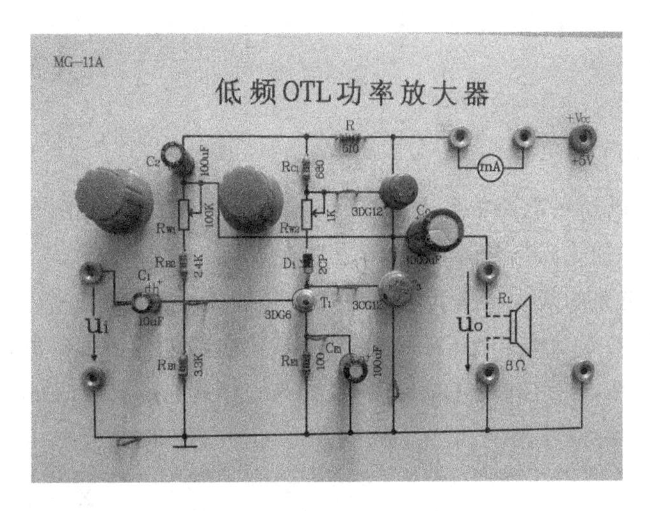

图 2.70 OTL 功率放大电路实物

R_{W2}，可以使 T_2、T_3 得到合适的静态电流而工作于甲乙类状态，以克服交越失真。静态时要求输出端中点 A 的电位为 $V_{CC}/2$，可以通过调节 R_{W1} 来实现。当输入正弦交流信号 v_i 时，经 T_1 放大、倒相后同时作用 T_2、T_3 的基极。当 v_i 是负半周波形时，T_3 管导通，T_2 管截止，有电流通过负载 R_L，同时向电容 C_0 充电；当 v_i 是正半周波形时，T_2 管导通(T_3 管截止)，已充好电的电容器 C_0 起着电源的作用，通过负载 R_L 放电，这样在 R_L 上就得到完整的正弦波。C_2 和 R 构成自举电路，用于提高输出电压正半周的幅度，以得到大的动态范围。

需要注意的是，在上面的分析中，T_2 和 T_3 管工作在甲乙类状态下，但为了简化分析，可认为两管在静态时基本处于截止状态。

OTL 电路的主要性能指标有以下几个。

1. 最大不失真输出功率 P_{omax}

在理想情况下，则有

$$P_{omax} = \frac{V_{CC}^2}{8R_L} \tag{2-43}$$

在实验中，可通过测量 R_L 两端的最大不失真输出电压有效值，来求得实际的 P_{omax}。

2. 效率 η

提供给负载的交流功率与电源提供的直流功率之比被称为效率，在理想情况下 $\eta=78.5\%$，在实际实验中，可测量电源供给的平均电流 I_{DC}，从而求得直流电源供给的功率 $P_E=V_{CC}I_{DC}$，负载上的交流功率已用上述方法求出，由此可以计算实际效率。

三、预习要求

(1) 预习教材中有关 OTL 功率放大器的内容。

(2) 分析图 2.69 所示电路中各三极管的工作状态及交越失真情况。

(3) 电路中若不加输入信号，计算 T_2、T_3 的功耗。

(4) 估算实验电路的最大不失真输出功率和效率。

(5) 采用软件 NI Multisim 10 对 OTL 功率放大电路进行仿真，仿真电路图如图 2.71 所示，需要注意的是，三极管 3DG6、3DG12 和 3CG12 在 Multisim 中需要用 BC337、2N2222A 和 2N1132A 型号代替。

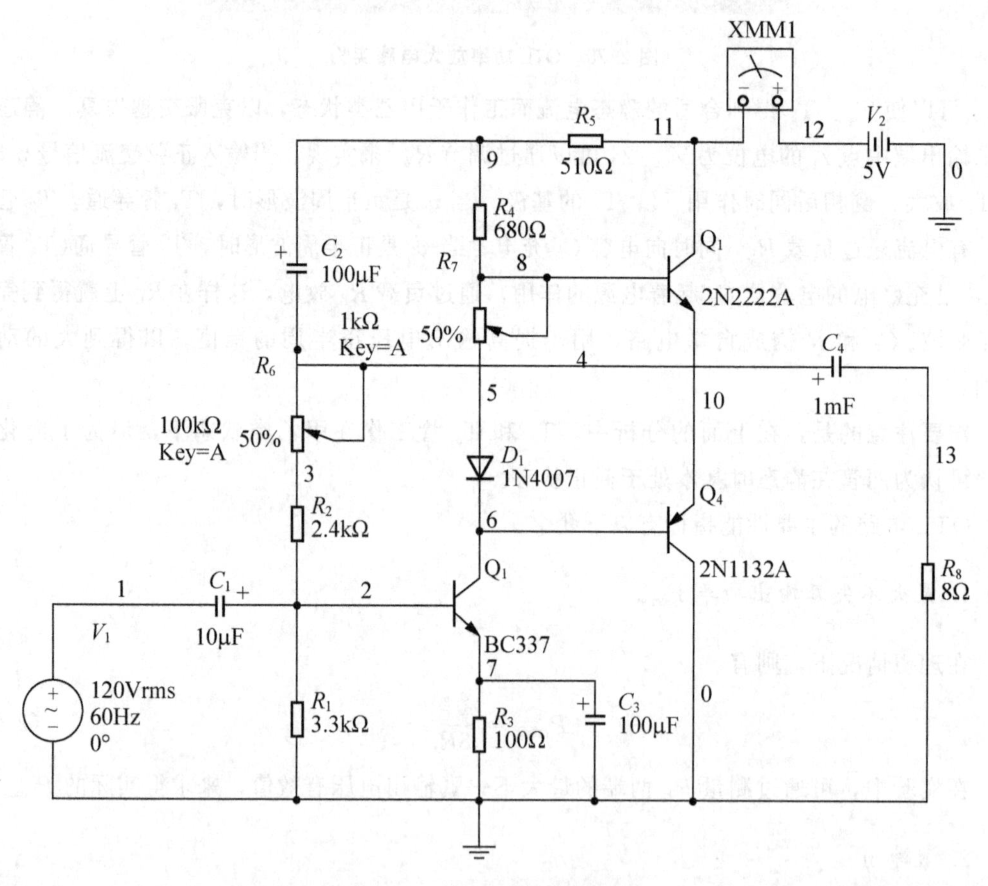

图 2.71　OTL 功率放大电路

四、实验内容及要求

1. 连接电路

按图2.69连接实验电路，串入直流毫安表，电位器 R_{W2} 置为最小值，R_{W1} 置中间位置。接通+5V电源。

2. 调静态工作点

令 $v_i=0$，调节 R_{W1} 使 A 点电压为 $0.5V_{CC}=2.5V$。调节 R_{W2}，使毫安表的读数为5mA左右。测量各级静态工作点，记入表2-25中。

表2-25 各级静态工作点测量值

级别	T_1	T_2	T_3
V_B			
V_C			
V_E			

3. 功率放大电路各级波形

在输入端接入频率为1kHz、有效值为10mV的正弦信号，输出端接负载电阻 $R_L=8\Omega$，用示波器观察 T_1、T_2、T_3 及 R_L 上的波形，并记入表2-26中。

表2-26 功率放大电路各级波形

T_1 管输出波形	T_2 管输出波形	T_3 管输出波形	R_L 两端波形

4. 最大不失真输出功率 P_{omax} 和效率的测试

(1) 输入端接1kHz的正弦信号 v_i，输出端用示波器观察输出电压 v_o 的波形。逐渐增大 v_i，使输出电压达到最大不失真输出，用数字示波器测出负载 R_L 上的电压有效值 $V_{om}=$________，则可计算得最大输出功率 $P_{omax}=\dfrac{V_{om}^2}{R_L}=$________。

(2) 测量效率。当输出电压为最大不失真输出时，测出直流电源供给的平均电流 $I_{DC}=$________，电流 I_{DC} 可用毫安表直接测得，此电流为直流电源供给的平均电流(T_1 管的集电极电流 I_{C1} 较小，可忽略)。由此可近似求得 $P_E=V_{CC}I_{DC}$，再根据上面测得的 P_{omax}，即可求出：$\eta=P_{omax}/P_E=$________。

5. 观察交越失真波形

保持最大不失真功率时输入信号大小不变，调节 R_{W2} 的位置，观察并记录输出信号发生交越失真时的波形(不能发生截止失真和饱和失真)。

五、实验设备与器件

序号	仪器或器件名称	型号或规格	数量
1	高频/模拟电路实验箱	THMG-1	1
2	函数信号发生器	SU3035DDS	1
3	数字示波器	DS1102E	1
4	数字万用表	MY61	1
5	低频 OTL 功率放大器电路板	MG-11A	1
6	电阻	8Ω	1

六、注意事项

(1) 通电之前检查直流电源是否是 5V。

(2) 在整个测试过程中，电路不应有自激现象。实验过程中要不断用手触摸输出级三极管，若电流过大，或管子温升显著，应立即断开电源检查原因(如 R_{W2} 开路、电路自激或管子性能不好等)。

(3) 在调整 R_{W2} 时，要注意旋转方向，不要调得过大，更不能开路，以免损坏输出管。

(4) 输出管静态电流调整好之后，保持 R_{W2} 的位置不再旋转。

(5) 负载 R_L 可以开路，但不能短路。

七、思考题

(1) 如果功放的静态工作电流过大，则应如何处理?

(2) 交越失真产生的原因是什么? 怎样克服交越失真?

(3) 为了不损坏输出管，调试中应注意什么问题?

(4) 试估计电压放大倍数及最大不失真功率时对应输入电压的大小。

(5) 电路中电位器 R_{W2} 如果开路或短路，则对电路工作有何影响?

(6) 为什么引入自举电路能够扩大输出电压的动态范围？

八、常见故障及解决方法

故障现象1：电路板烧坏。

解决：(1)检查电源电压是否为5V，若加12V，则板子容易烧坏。(2)检查 R_{W2} 是否开路。

故障现象2：输出波形发生截止失真或饱和失真。

解决：检查输入信号是否过大。

故障现象3：输出波形交越失真。

解决：调整静态工作点，是否在实验过程中无意碰到 R_{W2}。

2.10　集成函数信号发生器

在电子工程、通信工程、自动控制、遥测控制、测量仪器、仪表和计算机等技术领域，经常需要用到各种各样的函数信号发生器。函数信号发生器的种类有多种，有只采用分立器件组成的，也有采用集成器件制作的。用集成电路实现的函数信号发生器与其他函数信号发生器相比，其波形质量、幅度和频率稳定性等性能指标，都有了很大的提高。例如，ICL8038就是一种技术上很成熟的并可以产生正弦波、方波、三角波的主控芯片，本节以ICL8038集成块为核心器件，制作一种函数信号发生器。

一、实验目的

(1) 了解单片集成信号发生器的功能及特点。

(2) 掌握集成函数信号发生器的电路结构。

(3) 掌握波形参数的测试方法。

二、实验原理

1. ICL8038的引脚功能

单片集成函数信号发生器ICL8038，具有使用电源电压范围宽、工作稳定度高、精度高、容易应用，能同时产生方波、三角波和正弦波等优点。其正弦波输出低于1%的失真度，三角波输出只有0.1%线性度，有0.001Hz～1MHz的频率输出范围，占空比在

2%～98%之间任意可调，温度变化产生的频率漂移最大不超过 50ppm/℃。

ICL8038 的外部功能引脚如图 2.72 所示。

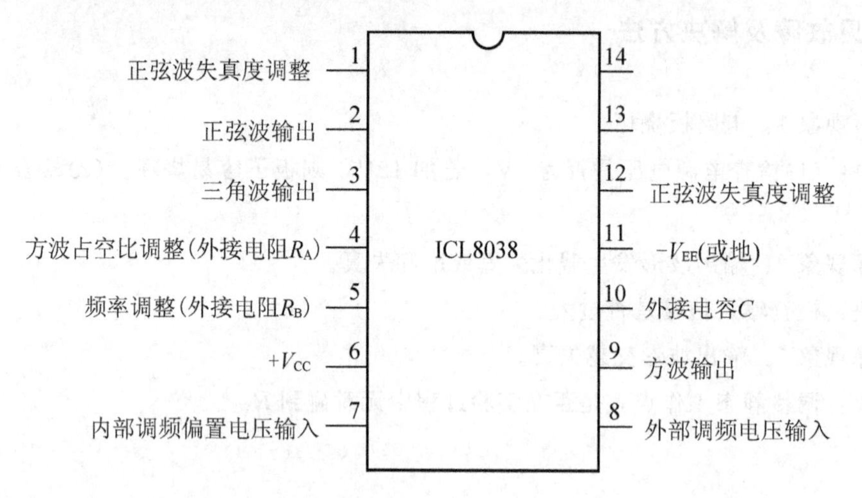

图 2.72 ICL8038 引脚图

2. ICL8038 内部结构

图 2.73 所示为 ICL8038 的原理框图，它由恒流源 I_1 和 I_2、电压比较器 A 和 B、触发器、缓冲器和三角波变正弦波电路等组成。

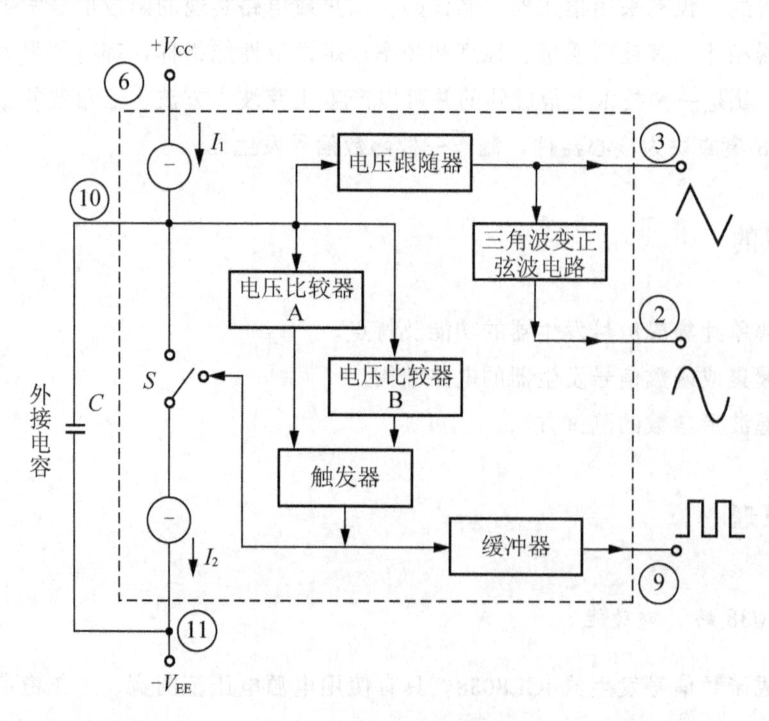

图 2.73 ICL8038 原理框图

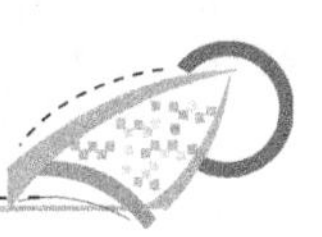

振荡电容 C 由引脚⑩、⑪外部接入，它是由内部两个恒流源 I_1、I_2 来完成充电放电，恒流源 I_1 和 I_2 的大小可通过外接电阻调节，必须 $I_2>I_1$。电压比较器A、B的阈值分别为 $\frac{1}{3}V_R$ 和 $\frac{2}{3}V_R$（$V_R=V_{CC}+V_{EE}$）。当触发器的输出为低电平时，恒流源 I_2 断开，恒流源 I_1 给电容 C 充电，它的两端电压 v_C 随时间线性上升，当 v_C 达到电源电压的 $\frac{2}{3}V_R$ 时，电压比较器A的输出电压发生跳变，使触发器输出由低电平变为高电平，恒流源 I_2 接通，$I_2>I_1$，I_2 将电流加到电容 C 上反向充电，相当于电容 C 放电，电容 C 两端的电压 v_C 又转为直线下降。当它下降到电源电压的 $\frac{1}{3}V_R$ 时，电压比较器B的输出电压发生跳变，使触发器的输出由高电平跳变为原来的低电平，恒流源 I_2 断开，I_1 给电容 C 充电，……如此周而复始，产生振荡。

如果调整电路，当 $I_2=2I_1$ 时，触发器输出为方波，经反相缓冲器由引脚⑨输出方波信号。电容 C 上的电压 v_C 的上升与下降时间相等时，经电压跟随器从引脚③输出三角波信号。

正弦函数信号由三角波函数信号经过非线性变换成正弦波从引脚②输出。由于二极管的非线性特性，故三角波信号可以逐次逼近正弦波。一般说来，逼近点越多得到的正弦波效果越好，失真度也越小。

3. ICL8038 外部电路

外部电路连接如图2.74所示。

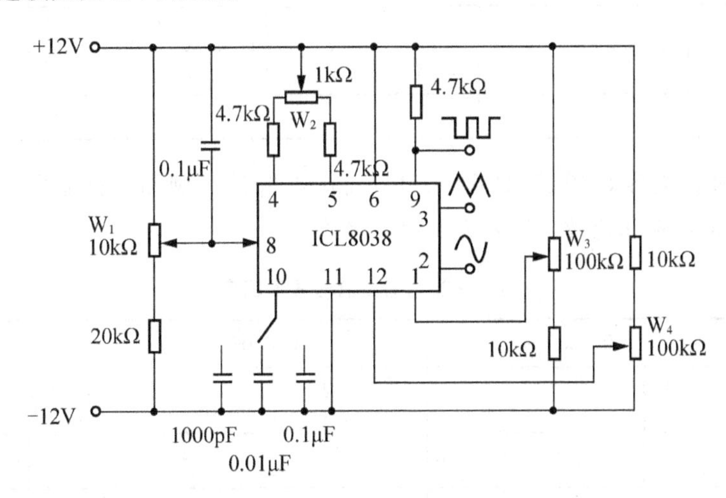

图2.74　ICL8038外接电路图

与引脚1、12外接电位器 W_3（100kΩ）、W_4（100kΩ），起改善正弦波波形、减小失真作用；引脚2、3、9分别对外输出正弦波、三角波及矩形波；与引脚4、5连接的两个4.7kΩ电阻及电位器 W_2（1kΩ），起调节输出信号占空比的作用；与引脚6连接的是电源正极；与引脚8连接的是电位器 W_1（10kΩ）、0.1μF电容，起调节输入电压；与引脚10连接的是 1000pF、0.01μF、0.1μF 电容，起调节输出信号的频率与占空比的作用；引脚 11 接电源负极；引脚 13、14 是空脚。

三、预习要求

(1) 熟悉 ICL8038 引脚的排列及其功能。

(2) 复习电压比较器、触发器、缓冲器等电路的工作原理及功能。

(3) 复习多谐振荡器的工作原理。

四、实验内容及要求

(1) 按照图 2.73 所示的电路图组装电路，取 $C=0.01\mu F$，W_1、W_2、W_3、W_4 均置中间位置。调整电路，使其振荡，产生方波，通过调整电位器 W_2，使方波的占空比达 50%，用示波器观察其输出波形。

(2) 保持方波的占空比为 50%不变，用示波器观测 ICL8038 正弦波输出端的波形，反复调整 W_3、W_4，使正弦波不产生明显的失真。

(3) 调节电位器 W_1，使输出信号从小到大变化，记录引脚 8 的电位并测量输出正弦波的频率，填入表 2-27 中。

表 2-27 输出信号测量表

W_1/kΩ	2	4	6	8
V/V				
f/Hz				

(4) 改变外接电容 C 的值(取 $C=0.1\mu F$ 和 1000pF)，观测 3 种输出波形，并与 $C=0.01\mu F$ 时测得的波形作比较，记入表 2-28 表中。

表 2-28 输出信号波形图表

C		0.1μF	0.01μF	1000pF
输出波形	正弦波	v_ω 0 t	v_ω 0 t	v_ω 0 t
	三角波	v_ω 0 t	v_ω 0 t	v_ω 0 t
	矩形波	v_ω 0 t	v_ω 0 t	v_ω 0 t

(5) 改变电位器 W_2 的值，观测 3 种输出波形。

五、实验仪器与器材

序号	仪器或器件名称	型号或规格	数量
1	模拟电路实验箱	THMG-1	1
2	单片信号发生器	ICL8038	1
3	直流电源	±12V	1
4	双踪示波器		1
5	频率计		1
6	直流电压表		1
7	晶体三极管	9013	1
8	电位器	1kΩ、10kΩ、100kΩ、100kΩ	各 1
9	电阻、电容	按照图 2.28 所示要求	若干

六、注意事项

(1) 测量仪器的接地。

(2) 在 1 脚和 12 脚之间接的电位器 W_3、W_4 是调节正弦波失真的。调节电位器 W_3、W_4 一般选用 100kΩ 的电位器。

(3) 当输出方波不对称时，改变 W_2 阻值来调节频率与占空比，可获得占空比为 50% 的方波，电位器 W_3 与外接电容 C 一起决定了输出波形的频率。

(4) 没有振荡。可能是引脚 10 与引脚 11 脚短接了，断开就可以了。

七、思考题

(1) 当用单电源 V_{CC} 供电时，三角波和正弦波的电压平均值等于多少？方波幅度是多少？方波输出的电压幅度是否受到电源电压的限制？

(2) 如果改变了方波的占空比，则此时三角波和正弦波输出端将会变成怎样的一个波形？

2.11 用集成运算放大器实现万用表功能的实验

集成运算放大器配接不同的外围器件可以方便灵活地实现各种不同功能的电路，万用表是电子技术实验中必不可少的多功能、多量程的测量仪表，一般以测量电压、电流和电阻为主要目的。本节采用集成运放来实现万用表的功能。

一、实验目的

(1) 掌握用运算放大器搭建万用电表电路。

(2) 完成所设计电路的组装与调试。

二、实验原理

当利用万用表测量电压时，电表并联接入被测电路而不影响被测电路的原工作状态，这就要求电压表应具有无穷大的输入电阻。当利用万用表测量电流时，电表串联接入被测电路而不影响被测电路的原工作状态，要求万用表的内阻应为零。但在实际上，万用表表头的可动线圈总有一定的电阻，用它测量电流时将影响被测量电路，引起误差。此外，交流电表中的整流二极管的压降和非线性特性也会产生误差。如果将运算放大电路应用到万用表中，那么就能大大降低万用表的误差，提高其测量精度，还能实现自动调零。

1. 直流电压表

如图 2.75 所示，信号从同相端输入。将表头置于运算放大器的反馈回路中，减小表头参数对测量精度的影响。流经表头的电流 $I=\dfrac{V_i}{R_1}$（集成运算放大器虚断、虚短，$I=I_1$，$V_i=V_1$，V_1 为电阻 R_1 两端的电压)，I 与表头的参数无关。改变电阻 R_1 即可改变万用表的测量量程。

此方法适用于测量电路与运算放大器共地的有关电路。此外，当被测电压较高时，在运放的输入端应设置衰减器。

2. 直流电流表

图 2.76 所示为浮地电流测量(被测电流无接地点)。运算放大器的电源也对地浮动，这种方式构成的电流表就可以串联在任何电路中测量电流。

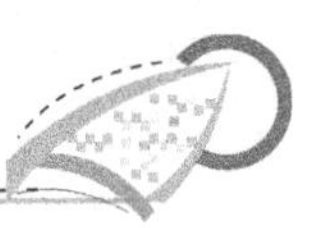

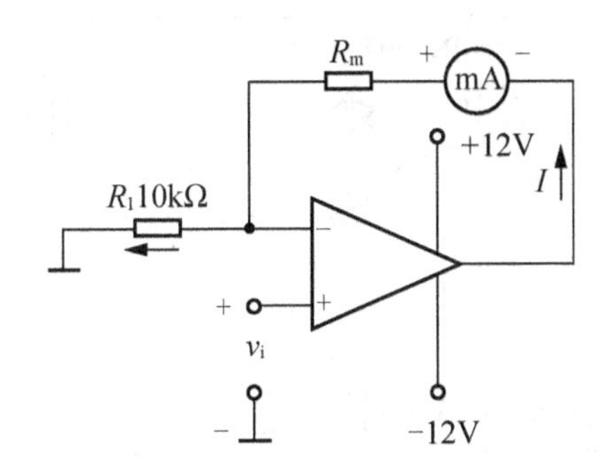

图 2.75　直流电压表

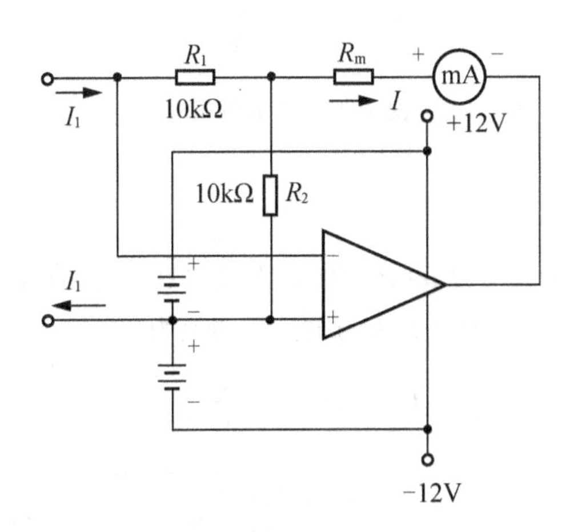

图 2.76　直流电流表

由图 2.76 可知，被测电流 I_1 与流经表头的电流 I 之间关系如下：

$$-I_1R_1 = (I_1 - I)R_2 \tag{2-44}$$

$$I = \left(1 + \frac{R_1}{R_2}\right)I_1 \tag{2-45}$$

只要改变电阻 R_1、R_2 之比$\left(\frac{R_1}{R_2}\right)$,就可以改变电流表的量程，如果被测电流较大，那么应给电流表表头并联分流电阻以保护表头。

3. 交流电压表

如图 2.77 所示，此电路在直流电压表(图 2.75)中加入整流电路组成交流电压表。被测交流电压 v_i 加到运算放大器的同相端，有很高的输入阻抗。将非线性元件二极管组成的整流桥和表头置于运算放大器的反馈回路中，以减小二极管的非线性及表头参数的影响。

表头电流 I 与被测电压 V_i 的关系为 $I=\frac{V_i}{R_i}$，流过表头的电流仅与 $\frac{V_i}{R_i}$ 有关，与整流桥和表头参数无关。表头中电流与全波整流平均值 I_D 成正比，当 v_i 为正弦波时，表头可按正弦波的有效值标注刻度，被测电压的上限频率取决于运算放大器的频带和上升速率。

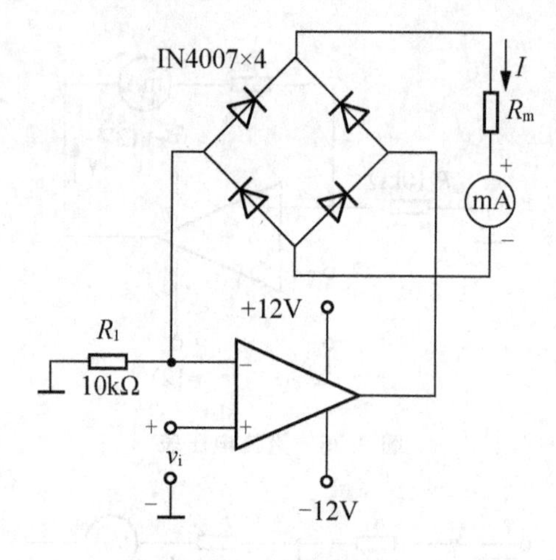

图 2.77　交流电压表

4. 交流电流表

图 2.78 所示为浮地交流电流表(被测电流无接地点)，在直流电流表中加入整流电路。被测交流电流的有效值为 I_1，流过表头的电流平均值为 I。

$$I = 0.9\left(1+\frac{R_1}{R_2}\right)I_1 \tag{2-46}$$

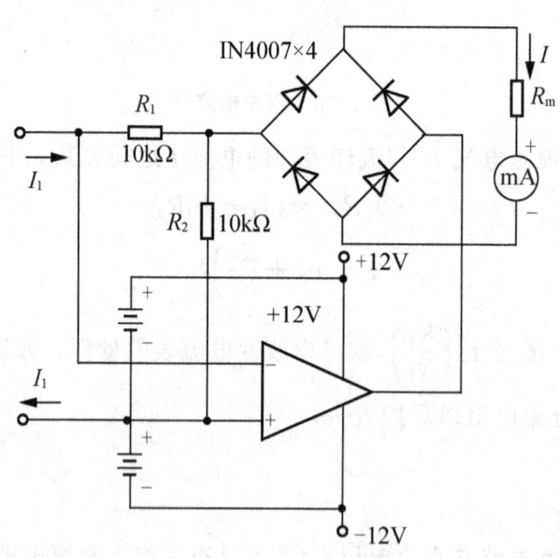

图 2.78　交流电流表

5. 欧姆表

图 2.79 所示为多量程的欧姆表。

运算放大器由单电源供电，被测电阻 R_x 接在运算放大器的反馈回路中。稳压管 IN4728 给同相端提供基准电压 V_{REP}。

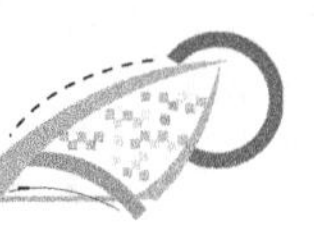

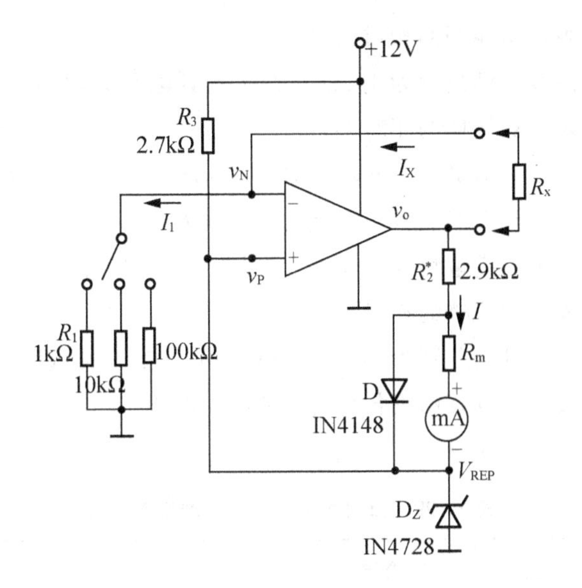

图 2.79　欧姆表

集成运算放大器输入端为 V_P、V_N。

$$V_P = V_N = V_{REP} \tag{2-47}$$

因为

$$I_1 = I_x \tag{2-48}$$

所以

$$\frac{V_{REP}}{R_1} = \frac{v_o - V_{REP}}{R_x} \tag{2-49}$$

$$R_x = \frac{R_1}{V_{REP}}(v_o - V_{REP}) \tag{2-50}$$

流经表头的电流：

$$I = \frac{v_o - V_{REP}}{R_2 + R_x} = \frac{V_{REP}R_x}{R_1(R_x + R_2)} \tag{2-51}$$

由此可见，改变 R_1 值，I 可以改变，从而改变欧姆表的量程。当 $R_x = 0$ 时，$I = 0$，可以实现了自动调零。电路中的二极管 D 起保护表头的作用。

三、预习要求

(1) 复习桥式整流的电路、集成稳压电路的工作原理。

(2) 熟悉万用表的功能及使用方法。

四、实验内容及要求

(1) 设计直流电压表：满量程为＋6V。画出设计电路原理图，将万用表与标准表做测试比较，计算万用表各功能档的相对误差。

（2）设计直流电流表：满量程为 10mA。画出设计电路原理图，将万用表与标准表做测试比较，计算万用表各功能档的相对误差。

（4）设计交流电压表：满量程为 6V，50Hz～1kHz。画出设计电路原理图，将万用表与标准表做测试比较，计算万用表各功能档的相对误差。

（5）设计交流电流表：满量程为 10mA。画出设计电路原理图，将万用表与标准表做测试比较，计算万用表各功能档的相对误差。

（6）设计欧姆表：满量程分别为 1kΩ、10kΩ、100kΩ。画出设计电路原理图，将万用表与标准表做测试比较，计算万用表各功能档的相对误差。

将实验数据填入表 2-29 中。

表 2-29　万用表测量值与标准值对照表

电路	直流电压表 V	直流电流表 I	交流电压表 V	交流电流表 I	欧姆表		
					1kΩ	10kΩ	100kΩ
测量值							
标准值							

五、实验仪器与器材

序号	仪器或器件名称	型号或规格	数量
1	模拟电路实验箱	THMG-1	1
2	整流二极管	IN4007	4
3	表头	灵敏度为 1mA，内阻为 100Ω	1
4	运算放大器	OP07	2
5	稳压管	IN4728	1
6	电阻器	1/4W 的金属膜	若干
7	导线		若干

六、注意事项

（1）当测量电流时，注意设计表的量程。切忌两表笔并联在器件两端。

（2）万用表的电性能测试要用标准电压、电流表校正，欧姆表用标准电阻校正。

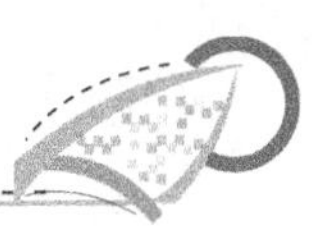

七、思考题

(1) 怎样消除连接电源时正、负电源产生的干扰？
(2) 直流电压表的刻度盘上的刻度是否均匀？直流电流表如何？
(3) 交流电压表的刻度盘上的刻度是否均匀？交流电流表如何？
(4) 欧姆表的刻度盘上的刻度是否均匀？

2.12　低频功率放大器的设计

在电子电路设计中，很多系统需要对输出信号进行放大，以提高其带负载能力，驱动后级电路，因此就要对信号进行功率放大。功率放大器是一种能量转换的电路，在输入信号的作用下，晶体管把直流电源的能量转换成随输入信号变化的输出功率送给负载，对功率放大的要求有输出功率要大、效率要高、非线性失真要小。本节给出设计要求，采用集成功放芯片设计低频功率放大器。

一、实验目的

(1) 了解低频功率放大器的工作原理。
(2) 学会低频功率放大器的设计方法和基本技术指标的测试方法。

二、设计任务

1. 主要技术指标

设计并制作一个低频功率放大电路(电路形式不限)，在输入信号为5～700mV，等效负载为8Ω阻抗时，满足以下指标。

(1) 最大输出不失真功率$P_{om}\geqslant 8W$。
(2) 功率放大器的频带宽度$B_W\geqslant 50Hz\sim 20kHz$。
(3) 输出信号无明显失真。
(4) 输入灵敏度为100mV，输入阻抗不低于47kΩ。
(5) 功率放大电路效率$\eta\geqslant 50\%$。

2. 设计要求

(1) 利用集成功放芯片，外加部分电阻及电容设计一款线路简单、调试方便，且具有良好的性能的低频功率放大器。

(2) 确定低频功率放大器中与连接的各个器件的参数，实现电路的耦合、反馈、退偶、滤波、消振“自举”等功能。

2.13 直流稳压电源电路设计

所有的电子设备都有一个共同的电路组成部分——电源电路。大到超级计算机，小到袖珍计算器，所有的电子设备都必须在电源电路的支持下才能正常工作。能够提供稳定的直流电能的电源就是直流稳压电源，它在电子电路中占有十分重要的地位。

一、实验目的

(1) 掌握单相桥式整流、电容滤波、集成稳压器电路的特性。
(2) 掌握直流稳压电源设计的基本方法、设计步骤以及性能指标的测试方法。
(3) 培养实践技能，提高分析和解决实际问题的能力。
(4) 了解集成稳压器扩展性能的方法。

二、知识点和涉及内容

本节涉及变压、整流、滤波及三端集成稳压等知识，还涉及元件的参数的选择及直流稳压电源的调试和技术指标的测量。

三、设计任务

1. 直流电源的技术指标

(1) 当输入电压为220V交流时，输出直流电压为±5 V。
(2) 最大输出电流为500mA。
(3) 纹波电压小于5mV。
(4) 稳压系数小于等于0.2。

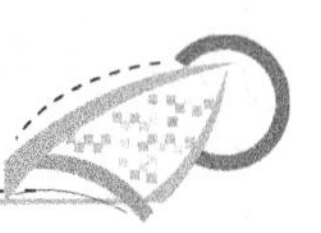

2. 设计要求

(1) 拟定测试方案和设计步骤，绘制出所设计的直流稳压电源的系统框图，并分析各组成部分的功能及工作原理。

(2) 根据直流电源系统图，设计出每个功能框图的具体电路图，根据技术参数的要求，计算出电路中所用元件的参数值，确定变压器的额定电压、额定电流、额定容量、电压比，整流元件的型号，电阻的阻值和功率，电容的容值和耐压以及类型，稳压块型号等。

(3) 写出设计性报告。

第3章 数字电子技术实验

将时间上和数值上均离散的信号称为数字信号，对数字信号进行传输、处理的电子线路称为数字电路。由于数字电路具有易于实现、工作可靠、精度高、抗干扰能力强、便于长期保存等优点，所以数字电路的应用越来越广泛，常用于数字通信、数字测量、数字控制以及计算机等领域。学好数字电路的条件之一就是理论和实践的结合。本章共8个数字电路实验，包括基础型实验、设计型实验和综合型实验。通过这3个层次的实验，要求学生能够熟练操作常用电子仪器设备，通过实验内容加强对数字电子技术课程中的理论知识的掌握，熟悉基本的电子系统电路的分析、设计方法，培养学生设计数字系统的应用型逻辑电路的能力，要求学生能够根据实验要求设计出符合设计要求的逻辑电路。

本章教学要点

知识要点	掌握程度	相关知识	工程应用方向
基于 Verilog HDL 语言的数字电路设计	了解	基于 Verilog HDL 语言的门电路设计、组合逻辑电路设计、触发器设计和时序逻辑电路设计	Verilog HDL 语言可以用于数字电路的硬件描述，可以用于数字电路的仿真验证、时序分析、逻辑综合，它在现代电子设计中发挥了巨大的作用
集成逻辑门电路	掌握	集成门电路的测试方法、各种逻辑门之间的相互转换方法	集成逻辑门电路是数字电路的最小单元
SSI 组合逻辑电路设计	掌握	用集成逻辑门设计组合逻辑电路，并对设计的电路进行功能测试	
集成译码器和数据选择器	掌握	集成译码器和数据选择器的逻辑功能、用译码器和数据选择器设计组合逻辑电路	译码器可以用于数据分配，存储器寻址和组合控制信号，还可以用于代码的转换、终端的数字显示等。数据选择器可用于多路数据传输、并串转换、逻辑函数发生器等方面
触发器	掌握	各类触发器的逻辑功能及其测试方法、触发器逻辑功能之间的相互转换	触发器是构成时序逻辑电路的基本单元
SSI 时序逻辑电路设计	掌握	用触发器设计时序逻辑电路，并对设计的电路进行功能测试	
计数器	掌握	用集成计数器实现任意进制计数器和分频器	计数器可以统计时钟脉冲的个数(计数)、分频、定时、产生节拍脉冲等

续表

知识要点	掌握程度	相关知识	工程应用方向
555定时器	掌握	555定时器的逻辑功能、使用方法、555定时器组成基本应用电路	555定时器可用于波形的产生与变换、测量与控制、家用电器、电子玩具等许多领域中都得到了应用
智力抢答器装置	理解	智力抢答装置的原理，用中小规模集成电路设计智力抢答器装置	智力抢答器装置可用于各种竞赛场合
电子秒表的设计	理解	电子钟的工作原理，用中小规模集成电路设计电子秒表	电子秒表可用于一些计时场合

3.1　2线-4线译码器的Verilog设计

一、实验目的

（1）初步掌握 Verilog HDL 语言的基础知识。

（2）初步掌握 Quartus II 软件的使用方法。

（3）初步掌握硬件编程下载的基本技能。

二、实验设备

（1）装有 Windows XP 系统和 Quartus II 软件的 PC 一台。

（2）HH-SOC-EP3C40 EDA/SOPC 实验开发平台一套。

三、实验内容及要求

内容：通过 Verilog HDL 语言编程，设计一个 2 线-4 线译码器。

要求：（1）构建仿真波形文件，在 Quartus II 中进行功能仿真和时序仿真。

（2）通过器件及其端口配置下载程序到 SOPC 开发平台中，观察译码器的输出是否正确。

（3）在硬件实验中要求用实验平台的拨动开关实现 2 位输入信号，用实验平台的发光二极管作为输出，如图 3.1 所示。

选做内容：用 Verilog 语言设计一个带使能端的 2 线-4 线译码器。

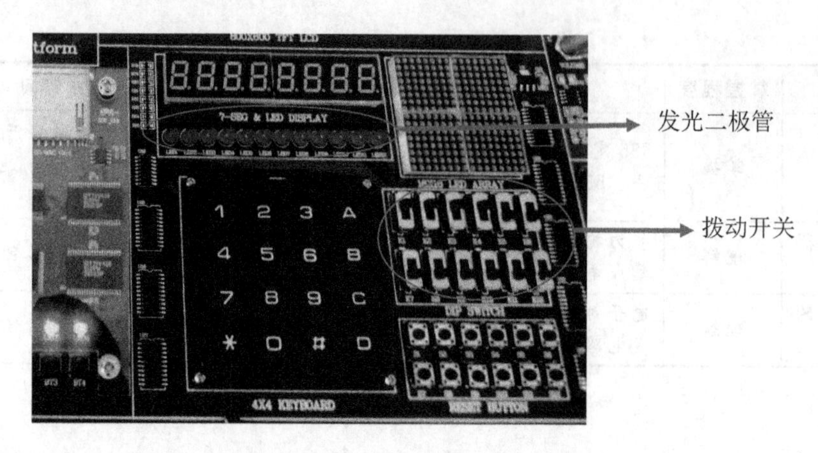

图 3.1 实验平台的输入输出部分

四、实验步骤

1. 打开 Quartus II 软件并新建一个工程

(1) 选择菜单 File→New Project Wizard 选项，出现新建工程对话框，单击该对话框中的 Next 按钮，进入工作目录、工程名的设定对话框如图 3.2 所示。在该对话框中输入工程的路径、工程名以及顶层实体名。一般情况下工程名称与实体名称相同。

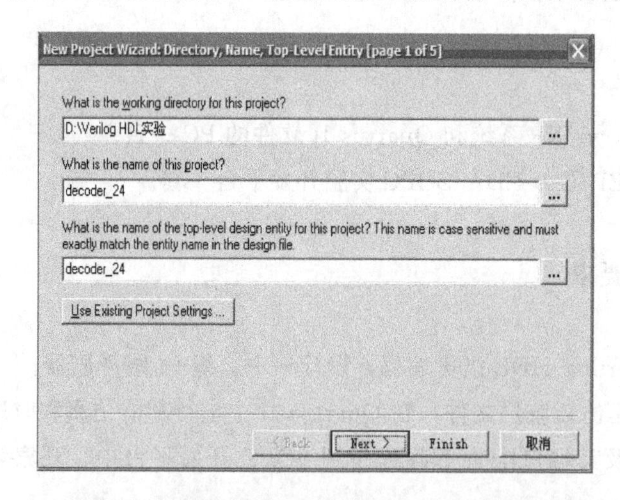

图 3.2 指定工程名称和设定工作目录对话框

(2) 单击图 3.2 中的 Next 按钮进入添加已经编辑好的程序文件对话框，由于建立的是一个空的项目，所以没有包含已有文件，直接单击该对话框中的 Next 按钮进入图 3.3 所示的器件选择对话框。

(3) 单击图 3.3 中的 Next 按钮进入添加第三方 EDA 工具对话框，这里不指定第三方 EDA 工具，所以直接单击 Next 按钮后结束工程建立。

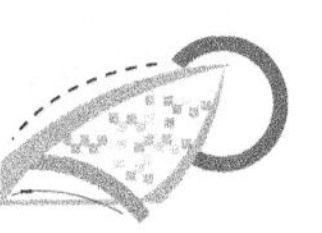

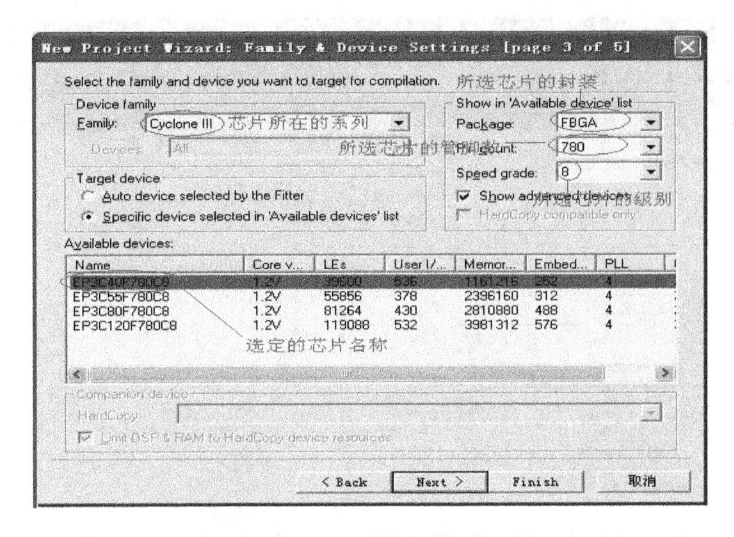

图 3.3　器件选择对话框

2. 建立 Verilog HDL 文件

(1) 选择 File→New 菜单，出现图 3.4 所示的新建文件对话框，在该对话框中可以选择不同的设计输入方式。

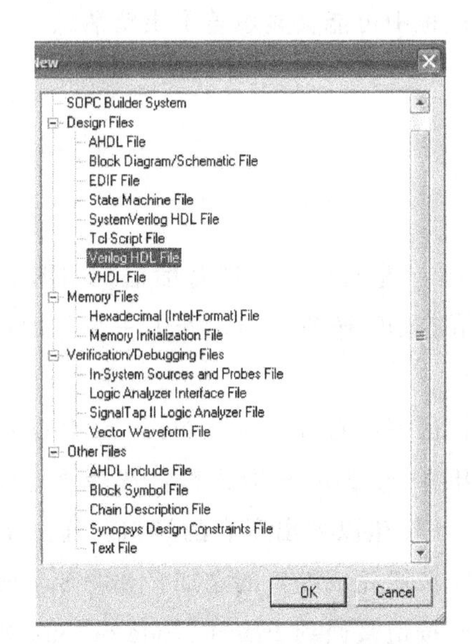

图 3.4　新建文件对话框

(2) 在图 3.4 中选择 Verilog HDL File 项，单击 OK 按钮以建立打开空的 Verilog HDL 文件，在该文件中输入程序如图 3.5 所示，注意，此文件并没有在硬盘中保存。

(3) 保存设计文件，选择 File→Save As 选项，进行文件保存(注意：文件名必须与程序中模块名一致)，该文件的后缀为 . V，把该文件保存为 “decoder _ 24. V”。

(4) 把该文件设置为顶层文件。在该文件名上右击，在打开的菜单中选择 Set as Top-

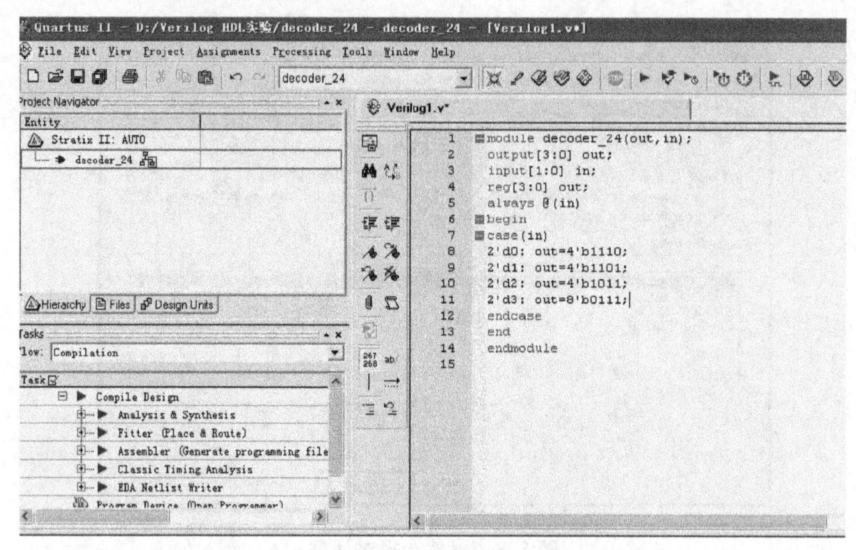

图 3.5 文本编辑窗口

Level Entity 选项，把当前文件设置为顶层实体(注意：Quartus 环境下所有操作，如综合、编译、仿真等都只对顶层实体进行)。

(5) 编译工程。选择菜单 Processing→Start Compilation 选项或单击工具栏上的▶图标，启动全编译程序。编译过程中可能会显示若干出错消息，参考提示原因对程序进行修改直到编译完全成功为止。

3. 电路仿真

1) 建立矢量波形文件

(1) 选择 File→New 选项，进入新建文件对话框，如图 3.4 所示。选取对话框中的 Vector Waveform File 项，单击 OK 按钮，则打开了一个空的波形编辑器窗口，如图 3.6 所示。

(2) 双击窗口左边的空白区域，打开 Insert Node or Bus 对话框，直接单击该对话框中的 Node Finder 按钮，打开 Node Finder 对话框，选择该对话框中的 Filter 下拉列表中的 Pins：all 按钮，并单击 List 按钮以列出所有的端口，通过单击≫按钮把这些端口加入到右面的列表框中，单击 OK 按钮完成端口的添加，如图 3.7 所示。

(3) 单击图 3.7 中的 OK 按钮又回到 Insert Node or Bus 对话框，单击该对话框中的 OK 按钮，回到波形编辑窗口，对所有输入端口设置输入波形，具体可以通过左边的工具栏，或通过右击信号在弹出式菜单中完成操作。例如需要在 0～5ns 之间给端口 in [0] 赋低电平 0，将鼠标移到信号的 0ns 处按住鼠标左键并向右拖动鼠标至 5ns 处，松开鼠标左键，可看到这段区域呈蓝色，表示被选中；单击工具条中按钮，这样就在 0～5ns 处为商品端口 in [0] 添加了一段低电平。此外，也可在被选中的蓝色区域双击，则弹出一个对话框，如图 3.8 所示。

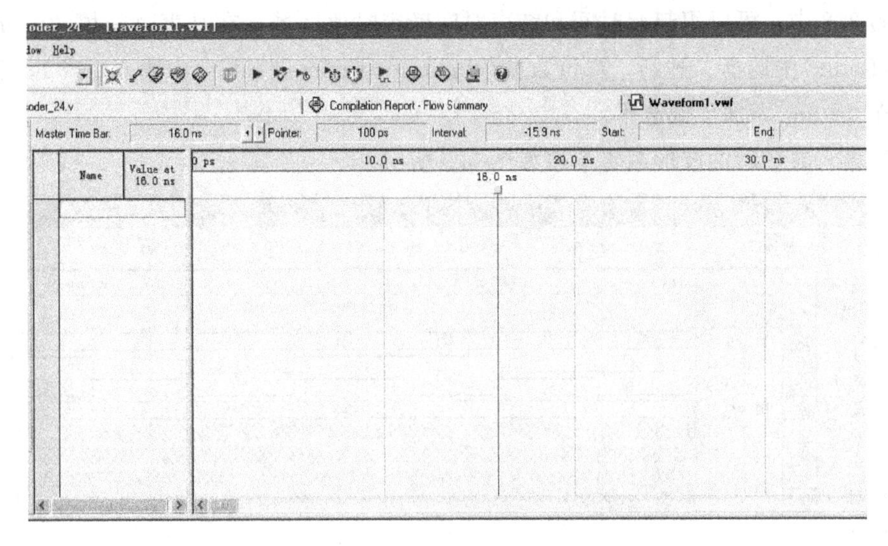

图 3.6　波形编辑窗口

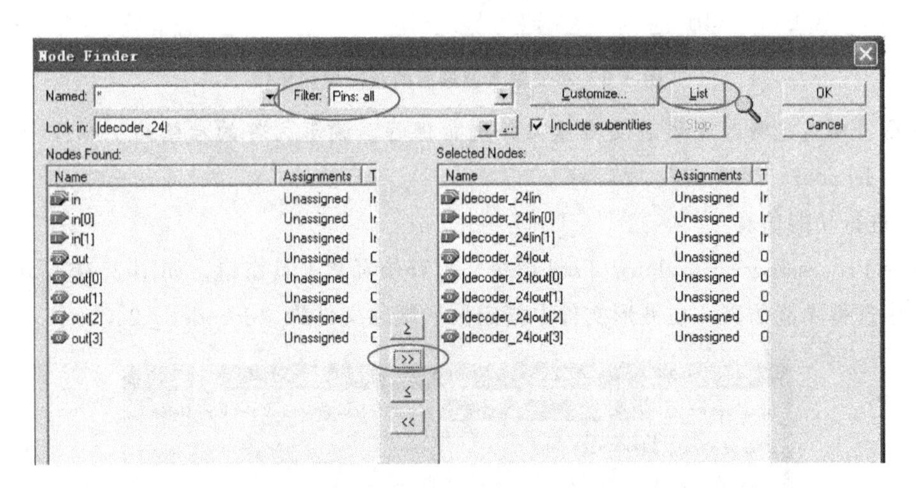

图 3.7　完成端口添加后的 Node Finder 对话框

Arbitrary Value
Time range
Start time: 0 ns
End time: 5.0 ns
Arbitrary value
Radix: Binary
Numeric or named value: 0
OK　Cancel

图 3.8　输入波形对话框

在图 3.8 中，可以用起始时间和结束时间确定赋值区域，在结束时间填“5.0ns”，在位矢量(Radix)中选择二进制，在位数据(Numeric or named value)中输入 0 或 1，若输入 0 就表示在 0～5ns 添加了低电平。

添加输入波形后的波形编辑窗口如图 3.9 所示。

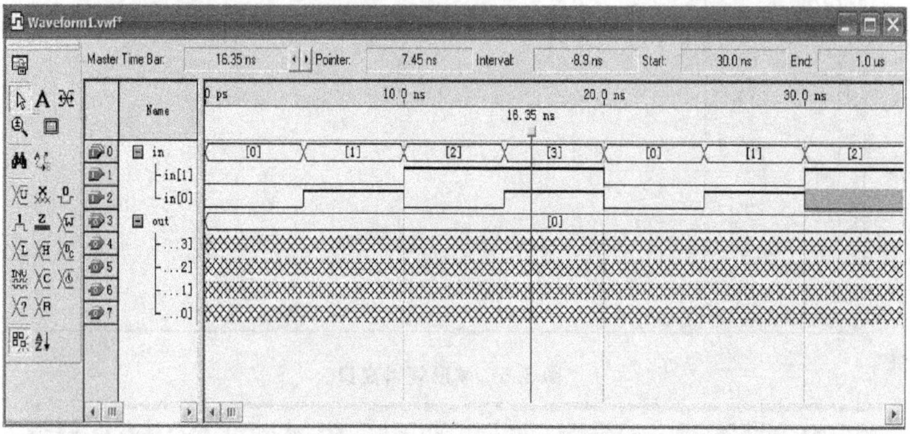

图 3.9　添加输入波形后的波形编辑窗口

注意：创建完输入波形后要对该文件进行保存，波形文件的后缀为 .vwf，本例文件保存为“decoder _ 24. vwf”。

2）进行功能仿真

选择 Processing→Simulator Tool 命令，打开仿真器工具窗口，如图 3.10 所示。在仿真类型中选择功能仿真，在波形文件中指定波形激励文件为“decoder _ 24. vwf”。

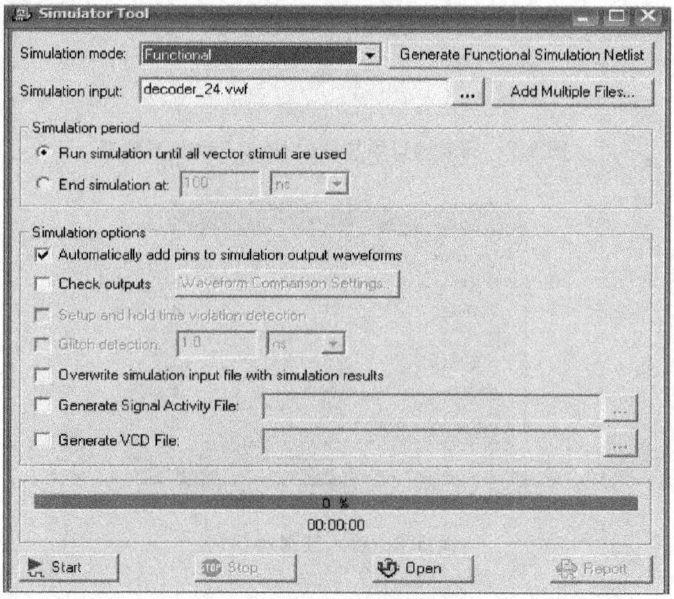

图 3.10　仿真器工具窗口

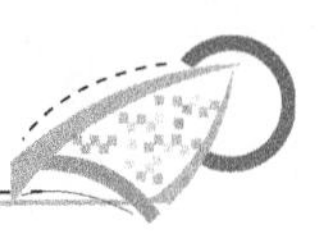

单击产生功能仿真网表的 Generate Functional Simulation Netlist 按钮，产生功能仿真网表，然后单击开始仿真的 Start 按钮开始进行仿真，直到仿真进度条为 100%完成仿真。单击仿真报告窗口中的 Report 按钮，观察仿真波形，如图 3.11 所示。

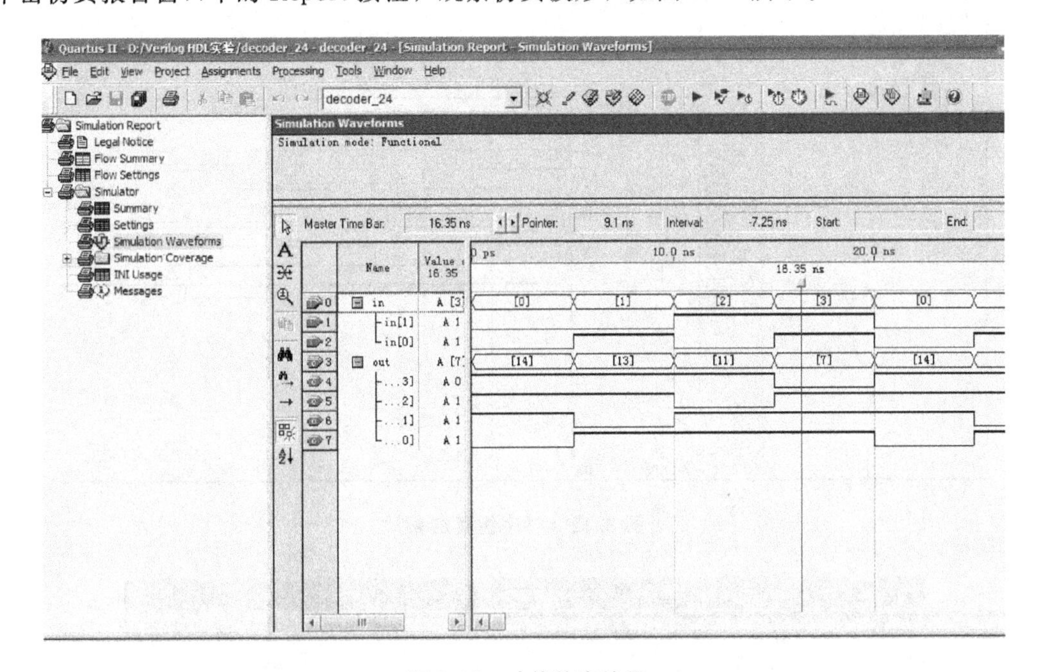

图 3.11　功能仿真结果

若无法观察完整波形，可以使用 Ctrl+W 键，即可看到完整的仿真波形。此外，也可使用鼠标左右键，方法如下：选中图标，右键缩小，左键放大。

注意：此仿真中不包含延迟信息。根据仿真结果可修改程序以达到实验要求。

3）进行时序仿真

如果功能仿真无误，可进行时序仿真，时序仿真是增加了相关延迟的仿真，是最接近实际情况的仿真。在图 3.10 中将 Simulation mode 选项设置为“Timing”就可以进行时序仿真了。时序仿真结果如图 3.12 所示。

4. 引脚分配

完成设计的编译，并仿真得到正确的结果后，为了把设计下载到实际电路中进行验证，还需要将设计中的输入、输出引脚指定到具体的器件引脚号码，指定引脚号码被称为引脚分配或引脚锁定。选择 Assignments→Pin Planner 命令打开引脚分配编辑框，如图 3.13 所示。

在该实验中把两个输入 in [1] 和 in [0] 分别接到拨动开关 K1、K2 上，把 4 个输出 out [3] ～out [0] 接到发光二极管 LED1～LED4 上，按照 EP3C40 用户手册中指定的拨动开关模块接口与 FPGA 引脚配置表可知 K1 对应的 FPGA I/O 名称为“Pin _ AH12”，则在图 3.13 的 in [1] 的 Location 位置输入对应的引脚名“AH12”，按 Enter 键，软件将

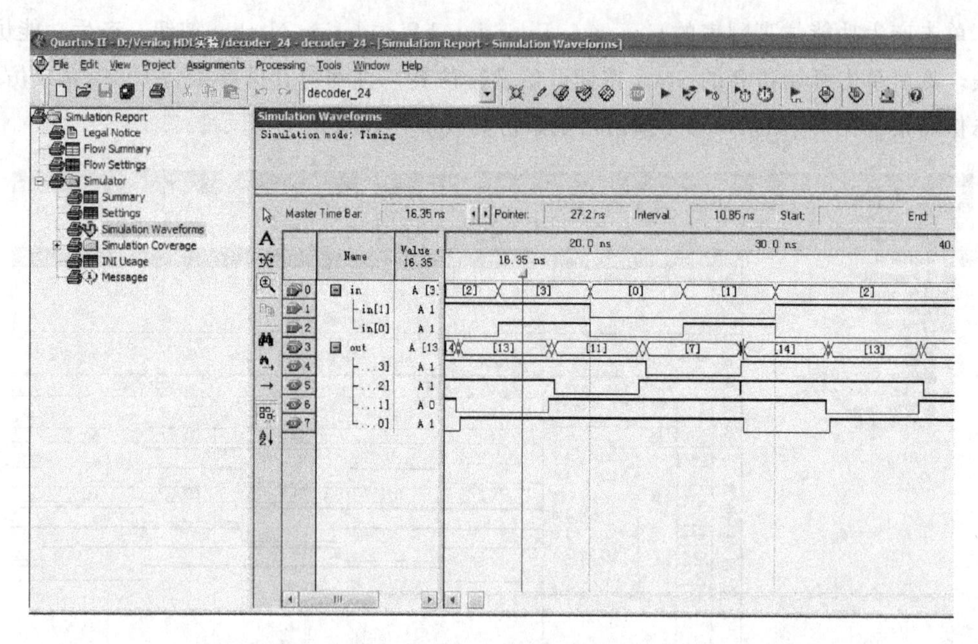

图 3.12　时序仿真结果

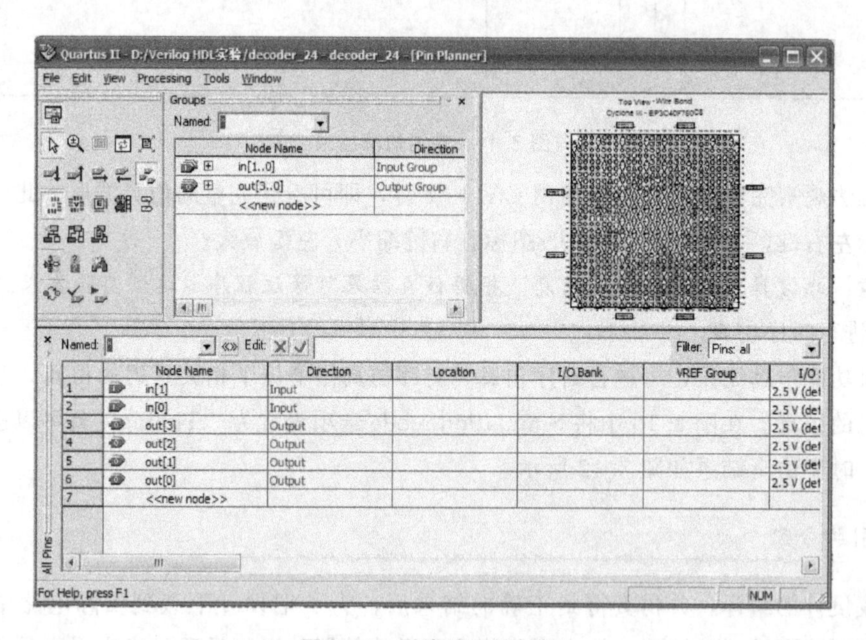

图 3.13　引脚分配编辑框

自动将其改为“PIN _ AH12”，用同样的方法，对其他端口进行引脚分配，如图 3.14 所示。

5. 下载程序到开发板

（1）通过 USB-blaster 下载电缆连接 PC 和开发平台，如图 3.15 所示，如果首次使用下载电缆，此时操作系统会提示安装驱动程序，此 USB 设备的驱动程序处于 Quartus II 安装目录中的\drivers \usb-blaster 中。

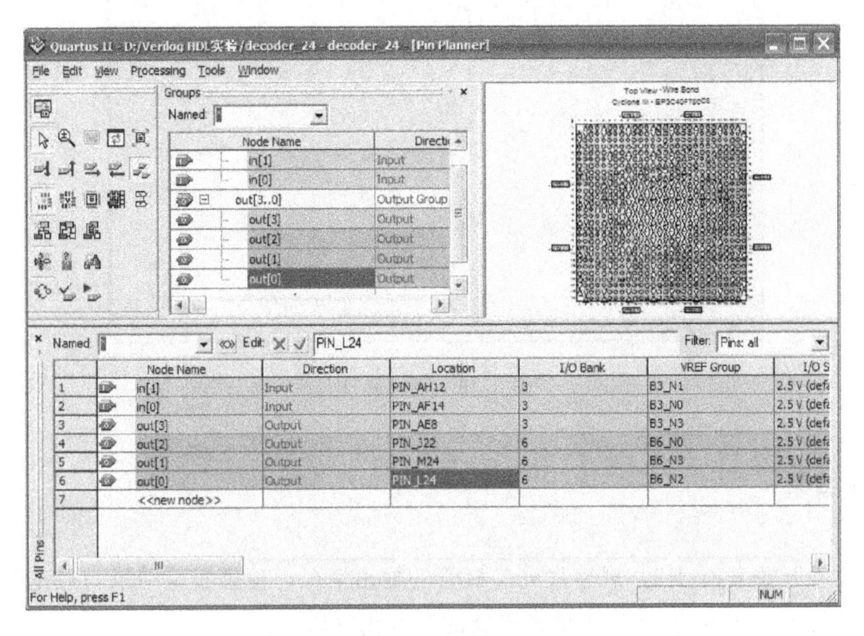

图 3.14　分配完引脚的引脚分配编辑框

图 3.15　USB-blaster 下载电缆连接开发平台

(2) 选择 Tool→Programmer 命令打开下载窗口，如图 3.16 所示。

通过单击窗口中的 Hardware Setup 按钮，选择下载设备 USB-Blaster。然后，单击 Start 按钮完成下载。

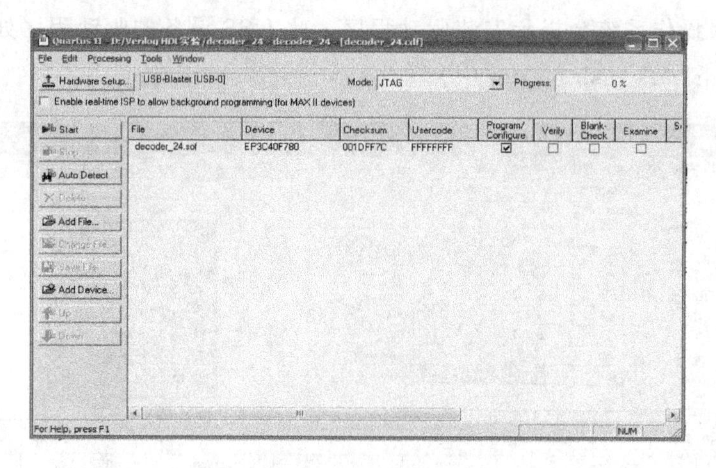

图 3.16　下载窗口

五、实验结果

通过拨动开关 K1、K2，观察发光二极管的输出情况，检查实验结果与理论是否一致。

附：带使能输入端的 2 线-4 线译码器的参考代码如下：

```
module decoder_ 38 (in , EN , out);
        input [1: 0] in ;
        input EN ;
        output [3: 0] out ;
        reg [3: 0] out ;
        always @ (in or EN)
        begin
            if (EN==1)
                case (in)
                    2'b00: out=4'b1110;
                    2'b01: out=4'b1101;
                    2'b10: out=4'b1011;
                    2'b11: out=4'b0111;
                    default: out=4'bxxxx;
                endcase
            else
                Y=4'b1111;
        end
    endmodule
```

3.2　集成门电路逻辑功能测试的应用与研究

一、实验目的

(1) 掌握DZX-1型实验台的面板结构和使用方法。

(2) 熟悉CMOS集成门电路的外形、引脚和使用方法，学会检测集成门电路好坏的简易方法。

(3) 掌握CMOS常用集成门电路的逻辑功能、特点及其各种逻辑门之间的相互转换方法，并掌握其测试方法。

二、实验原理

1. 常用CMOS集成逻辑门电路的引脚排列

74HC00(四2输入与非门)的引脚图如图3.17所示。74HC20(二4输入与非门)的引脚图如图3.18所示。74HC02(四2输入或非门)的引脚图如图3.19所示。74HC86(四2输入异或门)的引脚图如图3.20所示。

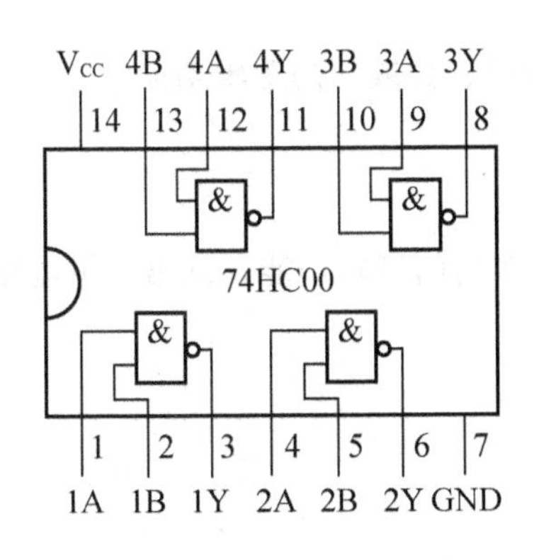

图3.17　74HC00引脚图

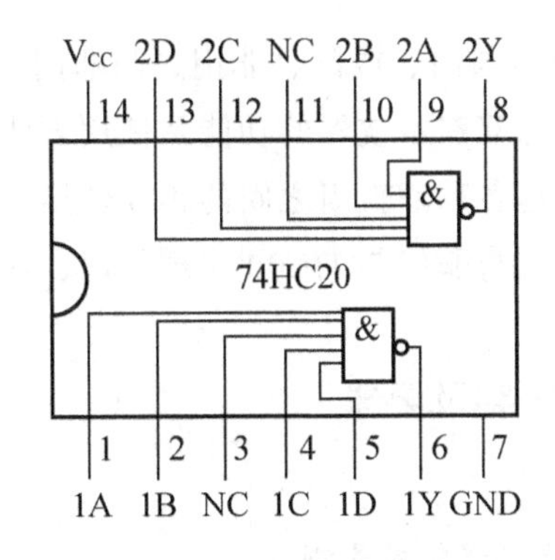

图3.18　74HC20引脚图

在图3.17～图3.20中，V_{CC}表示接电源，GND表示接地，NC表示空脚。

2. 集成门电路引脚的识别方法

将集成门电路的文字标注正对着自己，集成电路的缺口向左，引脚向下。左下角为引脚1，然后逆时针方向数分别是引脚2、引脚3……

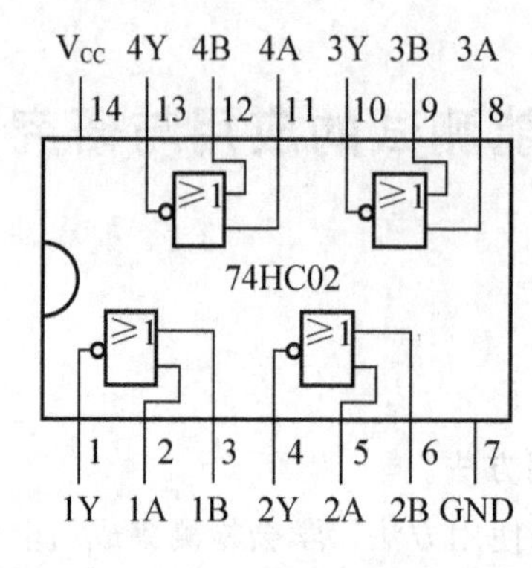

图 3.19 74HC02 引脚图

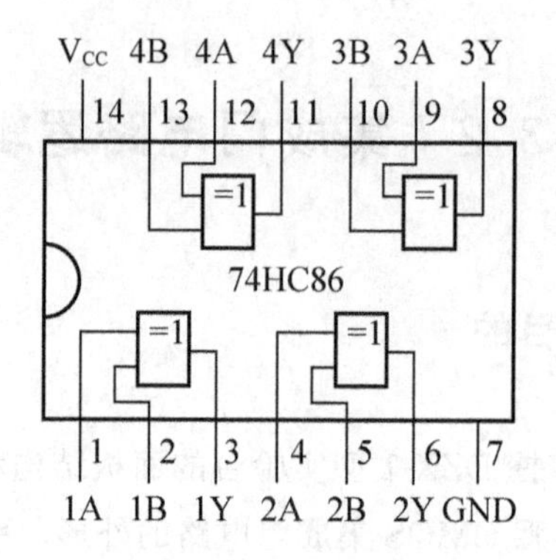

图 3.20 74HC86 引脚图

3. 检测集成门电路的好坏的简易方法

方法一：在未加电源状态时，利用万用表的电阻档检查各引脚之间的电阻，判断是否有短路。通常出现短路，集成电路损坏。

方法二：加电源，利用实验台检查门电路的逻辑功能。例如，根据与非门“有低出高，同高出低”的逻辑功能，将输入端接逻辑开关，输出端接发光二极管，若将全部输入端置高电平，发光二极管不亮，将任一输入端接地，发光二极管亮，则说明该门是好的。

三、预习要求

(1) 复习与门、或门、非门、与非门、或非门、异或门的逻辑功能。

(2) 熟悉双踪示波器的功能及使用方法。

(3) 掌握各种逻辑门之间的相互转换方法。

(4) 采用与非门 74HC00 实现与门、或门、非门的逻辑功能，画出逻辑电路图。

四、实验内容及要求

1. 与非门逻辑功能测试

(1) 将 74HC20 中一个与非门的 4 个输入端 A、B、C、D(分别对应引脚 1、2、4、5) 分别接至 DZX-1 型实验台上的 4 个逻辑开关上，输出端 Y(对应引脚 6)接至发光二极管，如图 3.21 所示。拨动开关改变输入状态的电平，观察输出，填入表 3－1 中，并写出输出 Y 的表达式。

(2) 将 74HC20 中一个与非门的输入端 A(对应引脚 1)接至 DZX-1 型实验台的脉冲信号发生器 Q_{12} 端口，即给输入端 A 接入一个 1kHz 连续脉冲信号 V_i，另外 3 个输入端 B、C、

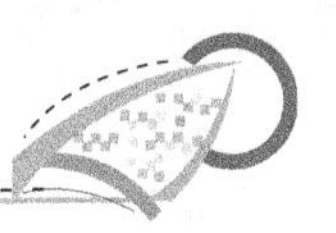

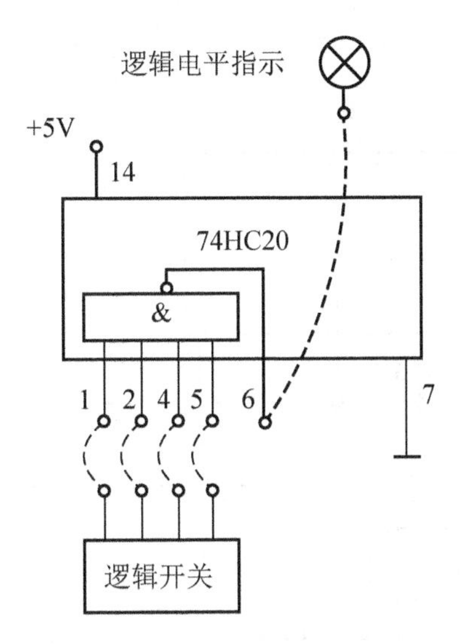

图 3.21　静态测试示意图

表 3-1　74HC20 的逻辑功能表

A	0	1	0	1	0	1	0	1	0	1	0	1	0	1	0	1
B	0	0	1	1	0	0	1	1	0	0	1	1	0	0	1	1
C	0	0	0	0	1	1	1	1	0	0	0	0	1	1	1	1
D	0	0	0	0	0	0	0	0	1	1	1	1	1	1	1	1
Y																

D(分别对应引脚 2、4、5)接逻辑开关，其中输入端 C、D 保持逻辑高电平，如图 3.22 所示。改变输入端 B 的电平，用双踪示波器显示并记录输入端 A 和输出端 Y(对应引脚 6)的波形，并画在图 3.23 中，其中 V_i 为输入端 A 所接的连续脉冲信号，V_o 为输出端 Y 的波形。

2. 或非门逻辑功能测试

(1) 将 74HC02 中一个或非门的输入端 A、B 接至逻辑开关上，输出端 Y 接至发光二极管上。拨动开关改变输入状态的电平，观察输出并填入表 3-2 中，并写出输出 Y 的表达式。

表 3-2　74HC02 的逻辑功能表

A	B	Y
0	0	
0	1	
1	0	
1	1	

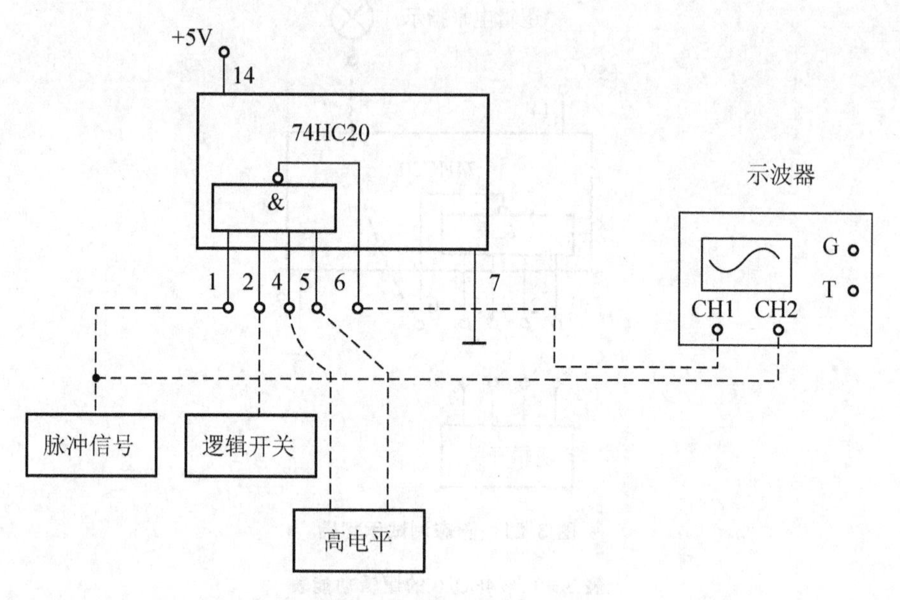

图 3.22 动态测试示意图

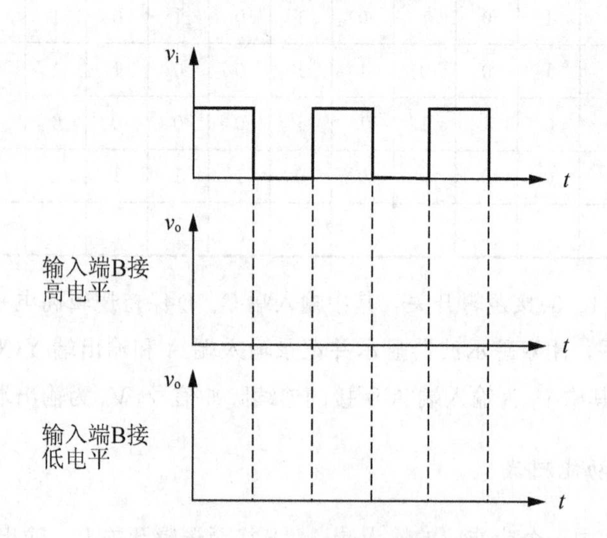

图 3.23 74HC20 波形图

(2) 将 74HC02 中一个或非门的输入端 A 接 1kHz 连续脉冲，利用示波器双踪显示 1kHz 的输入信号和输出信号，观察并记录波形图于图 3.24 中。

3. 异或门逻辑功能测试

将 74HC86 中一个异或门的输入端 A、B 接至逻辑开关上，输出端 Y 接至发光二极管上，拨动开关改变输入状态的电平，观察输出并填入表 3-3 中，写出输出 Y 的表达式。

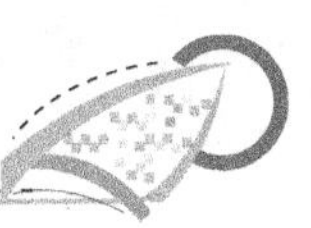

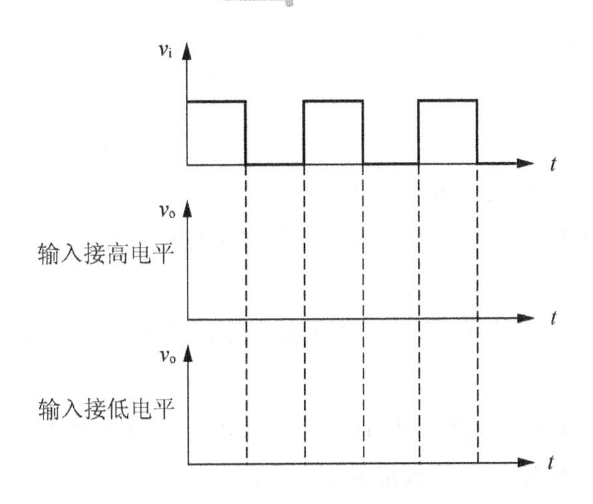

图 3.24 74HC02 波形图

表 3-3 74HC86 的逻辑功能表

A	B	Y
0	0	
0	1	
1	0	
1	1	

4. 逻辑门的转换

利用与非门 74HC00 实现与门、或门、非门的逻辑功能。

要求写出详细的设计过程，画出逻辑电路图，根据逻辑电路图连接电路，测试其逻辑功能，并列出测试的真值表。

5. 选做内容

用 Verilog HDL 语言分别设计与门、或门和非门。

五、实验设备与器件

序号	仪器或器件名称	型号或规格	数量
1	数字逻辑电路实验箱	DZX-1	1
2	四 2 输入与非门	74HC00	1
3	四 2 输入或非门	74HC02	1
4	二 4 输入与非门	74HC20	1
5	四 2 输入异或门	74HC86	1

六、注意事项

(1) 检查实验台、示波器是否能正常使用。

(2) 当接插集成块时，看准型号，并且要认准定位标记，不要插反。

(3) 使用集成块时不要忘记接电源和地。

(4) 在使用中，切不可将电源和地线颠倒错接，否则将引起很大的电流而造成电路失效。

(5) 接上电源后，应先用万用表检查一下集成电路芯片的电源端上是否已有电压，若没有电压则往往是导线错接或连接点接触不良引起的。

(6) 在使用导线前，最好先检查所用导线是否有断线或接触不良情况，其方法是导线一端接逻辑开关，另一端接发光二极管，拨动开关，发光二极管亮，则导线正常；也可用万用表的蜂鸣器测量。

(7) 集成门的输出端不允许并联使用(OD 门、OC 门和三态门除外)，否则不仅会使电路逻辑功能混乱，还会导致器件损坏。

(8) 对于 CMOS 集成电路，多余输入端悬空会引入干扰，因此在实验中对不用的输入端一定要恰当处理。

(9) 不要带电拔插器件。

七、故障排查

在数字电子技术实验中，对于一定的输入信号或输入序列，不能完成电路应有的逻辑功能，不能产生正确输出信号的现象称为故障。

在做实验的过程中，出现故障是难免的，一般说来，数字电子技术实验中的故障主要有器件故障、接线错误、设计错误和测试方法不正确，其中接线错误是最常见的，大约占故障的70%。查找故障并解决故障是实验中很重要的一步，也是提高同学们分析问题和解决问题能力的关键。

例如，在测试与非门的逻辑功能(测试示意图为图 3.21)时，若测试的真值表和理论真值表不同，则说明存在故障，具体排查步骤如下。

(1) 检查所用芯片型号是否正确、芯片是否插接正确、引脚有没有折断现象或没插进插座的现象。

(2) 摸一下芯片是否发热，如果芯片发热，则可能是电源极性接反，此时可将电路断电进行检查。此外，也可能是芯片损坏，这时需要更换芯片。在通常情况下，第一种原因最常见。

(3) 检查引脚 14 的电源和引脚 7 的地是否接好。例如测试时，如果发现输入信号变

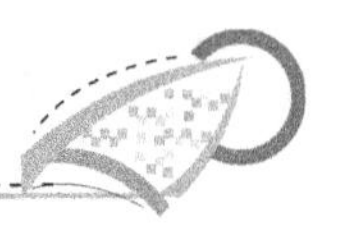

化，而逻辑门输出不变的现象，可能原因主要有3个：①芯片电源和地线接触不良，此时可用万用表测量芯片引脚14的电源值否满足芯片的要求；②输出信号至芯片的信号线接触不良，此时需要断开电路进行检查；③芯片损坏。

(4) 检查除了电源线和地线之外的其他线有没有漏接、错接、插孔接触不良或内部线断情况。解决方法是画出接线图，按图接线，不要凭记忆随想随接；接线要规范、整齐，尽量走直线、短线，以免引起干扰。

(5) 检查逻辑开关的输出电压是否达到芯片的要求。由于逻辑开关使用频率高，兼或操作不当，故逻辑电平开关易损坏。

(6) 如果以上情况都没问题，则可初步判定芯片74HC20可能有问题，更换74HC20，如果电路恢复正常，则可认为自己的初步判定正确，从而找出了故障原因。

注意：按图3.22动态测试与非门的逻辑功能时，若测试波形和理论不一致，则首先要检查示波器使用是否正确，仪器使用不正确，也会引起观测错误。在保证示波器使用正确的情况下，再按上面的步骤进行排查。

八、思考题

(1) 当测试集成门电路时，引脚之间短路一般是由于集成门电路损坏造成的，而断路却不一定？

(2) 利用与非门74HC00实现非门的逻辑功能有几种连接方法？

3.3　SSI组合逻辑电路的设计与测试

一、实验目的

(1) 掌握组合逻辑电路的特点及分析方法。

(2) 掌握用小规模集成器件设计组合逻辑电路的方法。

(3) 理解半加器和全加器的工作原理和逻辑功能。

二、实验原理

使用小规模集成器件设计组合电路是最常用的设计方法。组合逻辑电路设计的一般步骤如下。

(1) 逻辑抽象：根据实际逻辑问题的因果关系确定输入、输出变量，并定义逻辑状态

的含义。

（2）根据逻辑描述列出真值表。

（3）由真值表写出逻辑表达式。

（4）根据器件的类型，化简、变换逻辑表达式。

（5）画出逻辑电路图。

1. 半加器

半加器和全加器是算术运算电路中的基本单元。它们是完成 1 位二进制数相加的一种组合逻辑电路。

半加器是不考虑来自低位的进位，将两个 1 位的二进制数相加。设两个 1 位二进制数 A、B 相加，和为 S，向高位的进位数为 C。真值表见表 3－4。

表 3－4　半加器真值表

A	*B*	*S*	*C*
0	0	0	0
0	1	1	0
1	0	1	0
1	1	0	1

由真值表可得输出逻辑表达式如下：

$$S=\bar{A}B+A\bar{B}=A\oplus B$$

$$C=AB$$

其可以由异或门和与门实现，如图 3.25 所示。

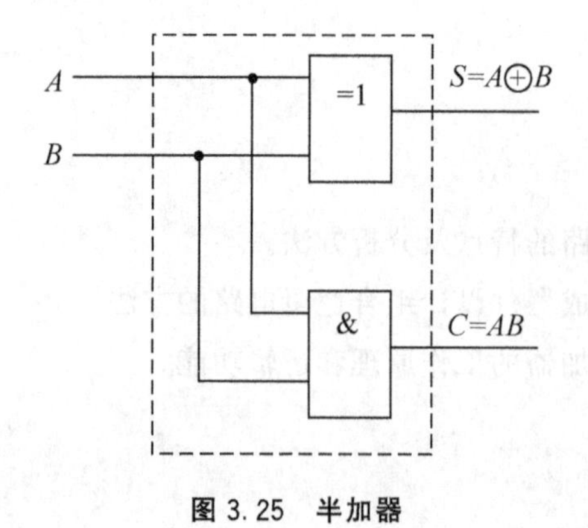

图 3.25　半加器

2. 全加器

全加器在两个二进制数相加时，考虑来自低位的进位。设全加器的被加数、加数分别

为 A、B，来自低位的进位为 C_i，和为 S，向高位的进位为 C_o。真值表见表 3－5。

表 3－5　全加器真值表

A	B	C_i	S	C_o
0	0	0	0	0
0	0	1	1	0
0	1	0	1	0
0	1	1	0	1
1	0	0	1	0
1	0	1	0	1
1	1	0	0	1
1	1	1	1	1

由真值表可得逻辑表达式如下：

$$S=\overline{A}\,\overline{B}C_i+\overline{A}B\,\overline{C_i}+A\overline{B}\,\overline{C_i}+ABC_i=A\oplus B\oplus C_i$$

$$C_o=AB+A\overline{B}C_i+\overline{A}BC_i=AB+(A\oplus B)C_i$$

其可以由异或门和与非门实现，逻辑电路图如图 3.26 所示。

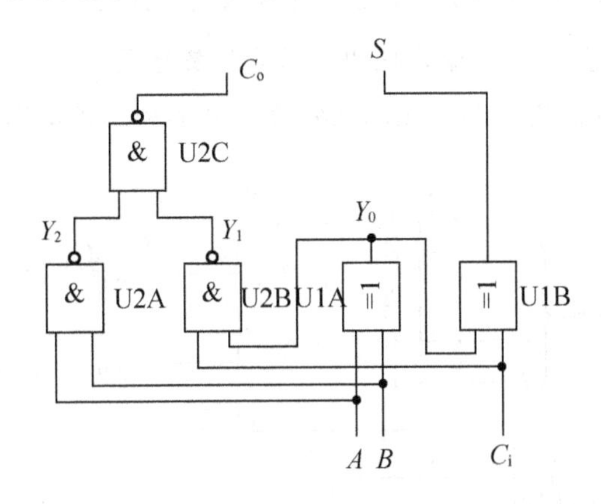

图 3.26　全加器

三、预习要求

(1) 拟定实验方案及步骤。

(2) 根据实验内容要求，设计各组合逻辑电路，并根据给定的器件画出实验电路图。

(3) 绘制实验中所需记录数据的表格。

四、实验内容及要求

1. 半加器设计与测试

(1) 用 74HC00 和 74HC86 设计一个半加器，写出设计过程，画出逻辑电路图。

(2) 按逻辑电路图连接好电路，测试其逻辑功能，列出测试的真值表。

2. 全加器设计与测试

(1) 用 74HC00 和 74HC86 设计一个全加器，写出设计过程，并画出逻辑电路图。

(2) 按逻辑电路图连接好电路，测试其逻辑功能，列出测试的真值表。

3. 选做实验内容

(1) 密码电子锁设计。如图 3.27 所示，设 A、B、C、D 是 4 个二进制代码输入端，$\overline{E}$ 为密码输入确认端(当 $\overline{E}=0$ 时，表示确认)。每把锁有 4 位密码(设该锁的密码为 1011)，若输入代码符合该锁密码，并 $\overline{E}=0$ 确认时，送出一个开锁信号($F_1=1$)，用于开锁指示的发光二极管亮；若输入代码不符合该锁密码，并 $\overline{E}=0$ 确认时，送出报警信号($F_2=1$)，用于报警指示的发光二极管亮，并驱动报警电路；若 $\overline{E}=1$ 时，不送出任何信号。

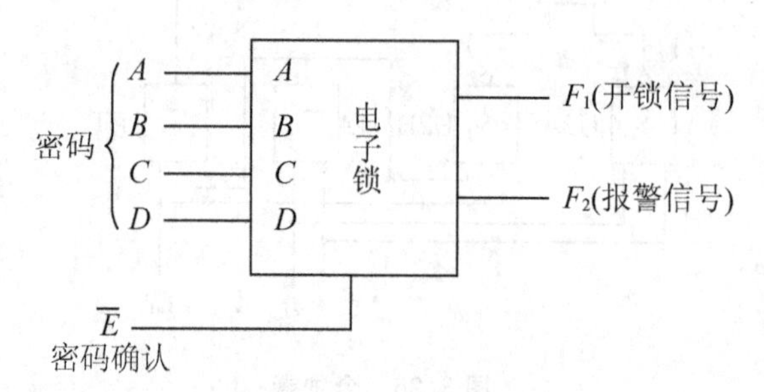

图 3.27 密码电子锁

① 写出设计过程。

② 要求用最少的与非门实现。

③ 画出逻辑电路图。

④ 按逻辑电路图连接电路，并验证设计是否正确。

(2) 用 Verilog HDL 的行为描述和结构描述方式分别实现全加器。

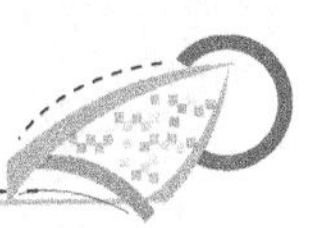

五、实验设备与器件

序号	仪器或器件名称	型号或规格	数量
1	数字逻辑电路实验箱	DZX-1	1
2	双踪示波器	DS1052D	1
3	四 2 输入与非门	74HC00	1
4	四 2 输入异或门	74HC86	1
5	二 4 输入与非门	74HC20	1

六、注意事项

(1) 检查电源、地线是否接触良好。

(2) 实验前，检查所用导线是否有断线或接触不良情况。

(3) 不要带电拔插器件。

七、故障排查

由 SSI 设计的组合逻辑电路可以采用由前向后或由后向前的逐级排查方法。例如，图 3.26 实现了全加器的功能，经过实验测试，若真值表不满足表 3－5，第 7 行出现了错误，当 $A=1$、$B=1$ 且 $C_i=0$ 时，测试结果为 $S=1$，$C_o=1$，S 出现了错误。故障排查步骤如下。

(1) 初步检查，方法如实验 3.2 中的故障排查中的步骤(1)～(4)。

(2) 逐级排查，检查时，可从最后一级的输出端向输入端逐级逆行检查，也可从输入端开始向输出端正向检查。在这里，笔者认为从最后一级错误的输出信号开始向输入级检查，比较简单。使 $S=0$，U1B 的输入 Y_0 必须为 0，所以要进一步测试 Y_0 的值，若测得 Y_0 为 1，由于 Y_0 的值取决于输入 A、B，而 A、B 均为 1，所以门 U1A 可能有故障，更换相应芯片，若故障消除，说明判断正确；若门 U1A 没故障，就要再检查门 U1B 有没有故障。此外，也可以采用由前向后的排查方法，即从输入逐级测到输出。

(3) 如果经过检查所有门都没故障，就要考虑电路设计是否有错误。产生设计问题的原因一般是对实验要求没有明确，或者是对所用器件的原理没有掌握。

八、思考题

（1）总结组合逻辑电路电路的设计方法、电路的基本特点。

（2）画出利用半加器实现全加器的逻辑电路图。

3.4 译码器和数据选择器的应用与研究

一、实验目的

（1）掌握中规模集成译码器、数据选择器的逻辑功能和使用方法。

（2）掌握用译码器和数据选择器设计组合逻辑电路的方法。

二、实验原理

1. 译码器

译码器是一个多输入多输出的组合逻辑电路，是将某个二进制码“翻译”成特定的高低电平信号，即电路的某种状态。

译码器在数字系统中有广泛的用途，可以用于数据分配、存储器寻址和组合控制信号，还可以用于代码的转换、终端的数字显示等。不同的功能可选用不同种类的译码器。

译码器分为二进制译码器、二-十进制译码器和显示译码器。

二进制译码器：将 n 位二进制代码译成 2^n 种电路状态。输出端个数与输入端个数满足关系：$M = 2^n$，其中 M 为输出端个数，n 为输入端个数。常见的二进制译码器有 2 线-4 线译码器(74×139 双 2 线-4 线译码器)、3 线-8 线译码器(74×138)、4 线-16 线译码器(74×154)。×代表 CMOS 和 TTL 两种类型。

二-十进制译码器：将输入的 BCD 码译成 0～9 共 10 个十进制信号的电路。二-十进制译码器又称为 4 线-10 线译码器(如 74HC42)。

二进制译码器和二-十进制译码器的特点如下：对应每一组输入代码，只有其中一个输出端为有效电平。

显示译码器：将数字、文字、符号的代码译成数码管显示该数字、文字、符号所需要的驱动信号。如 74HC4511 为七段显示译码器，输出高电平有效，所以可以用来驱动共阴极显示器。

本实验采用的是集成二进制译码器 74HC138，其功能表见表 3-6，引脚图、逻辑符号分别如图 3.28 和图 3.29 所示。

表 3-6　集成译码器 74HC138 功能表

输入						输出							
E_3	$\overline{E}_2$	$\overline{E}_1$	A_2	A_1	A_0	$\overline{Y}_0$	$\overline{Y}_1$	$\overline{Y}_2$	$\overline{Y}_3$	$\overline{Y}_4$	$\overline{Y}_5$	$\overline{Y}_6$	$\overline{Y}_7$
×	1	×	×	×	×	1	1	1	1	1	1	1	1
×	×	1	×	×	×	1	1	1	1	1	1	1	1
0	×	×	×	×	×	1	1	1	1	1	1	1	1
1	0	0	0	0	0	**0**	1	1	1	1	1	1	1
1	0	0	0	0	1	1	**0**	1	1	1	1	1	1
1	0	0	0	1	0	1	1	**0**	1	1	1	1	1
1	0	0	0	1	1	1	1	1	**0**	1	1	1	1
1	0	0	1	0	0	1	1	1	1	**0**	1	1	1
1	0	0	1	0	1	1	1	1	1	1	**0**	1	1
1	0	0	1	1	0	1	1	1	1	1	1	**0**	1
1	0	0	1	1	1	1	1	1	1	1	1	1	**0**

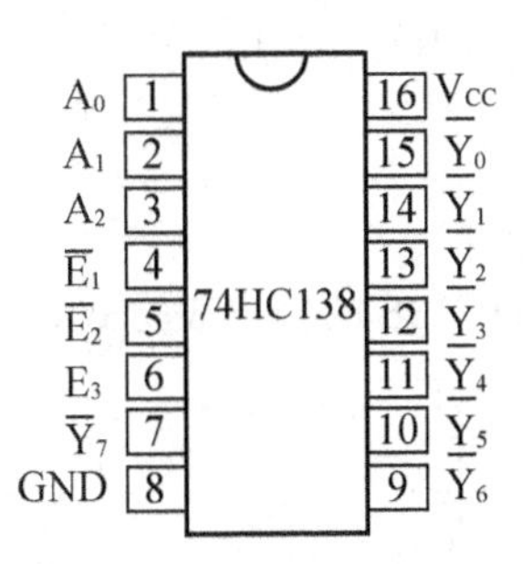

图 3.28　74HC138 引脚图

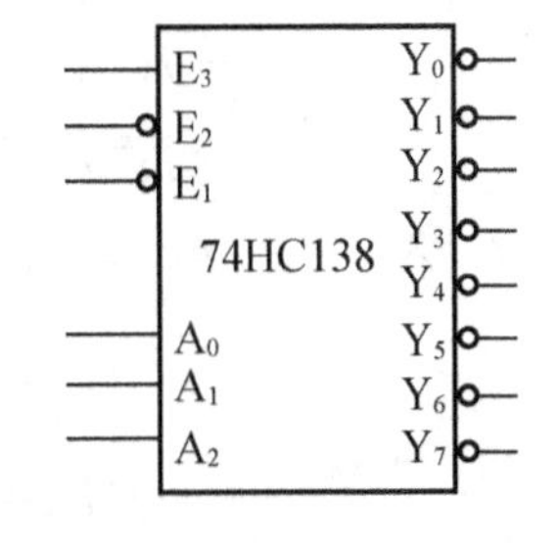

图 3.29　74HC138 逻辑符号

由功能表可知：当使能输入端 $E_3=1$ 且 $\overline{E}_2=\overline{E}_1=0$ 时，输出 $\overline{Y}_i=\overline{m_i}$，其中 m_i 为输入 A_2、A_1、A_0 对应的最小项。74HC138 的 8 个输出包含三变量函数的全部最小项，基于这一点，用该器件能够方便地实现三变量的组合逻辑函数。

【例 3-1】 已知某组合逻辑电路的真值表见表 3-7，试用译码器和门电路设计该逻辑电路。

表 3-7　逻辑电路的真值表

输　入			输　出		
A	B	C	L	F	G
0	0	0	0	0	1
0	0	1	1	0	0
0	1	0	1	0	1
0	1	1	0	1	0
1	0	0	1	0	1
1	0	1	0	1	0
1	1	0	0	1	1
1	1	1	1	0	0

解：(1)写出各输出的最小项表达式，并转换成与非-与非形式。

$$\begin{aligned} L &= \overline{A}\,\overline{B}C + \overline{A}B\overline{C} + A\overline{B}\,\overline{C} + ABC \\ &= m_1 + m_2 + m_4 + m_7 \\ &= \overline{\overline{m_1}\cdot\overline{m_2}\cdot\overline{m_4}\cdot\overline{m_7}} \end{aligned}$$

$$\begin{aligned} F &= \overline{A}BC + A\overline{B}C + AB\overline{C} \\ &= m_3 + m_5 + m_6 \\ &= \overline{\overline{m_3}\cdot\overline{m_5}\cdot\overline{m_6}} \end{aligned}$$

$$\begin{aligned} G &= \overline{A}\,\overline{B}\,\overline{C} + \overline{A}B\overline{C} + A\overline{B}\,\overline{C} + AB\overline{C} \\ &= m_0 + m_2 + m_4 + m_6 \\ &= \overline{\overline{m_0}\cdot\overline{m_2}\cdot\overline{m_4}\cdot\overline{m_6}} \end{aligned}$$

(2) 令 $A_2 = A, A_1 = B, A_0 = C$，根据 74HC138 的输出表达式，可得

$$L = \overline{\overline{Y}_1\cdot\overline{Y}_2\cdot\overline{Y}_4\cdot\overline{Y}_7}$$

$$F = \overline{\overline{Y}_3\cdot\overline{Y}_5\cdot\overline{Y}_6}$$

$$G = \overline{\overline{Y}_0\cdot\overline{Y}_2\cdot\overline{Y}_4\cdot\overline{Y}_6}$$

(3) 画逻辑电路图，如图 3.30 所示。

由此可见，当用译码器实现多输出逻辑函数时，优点更明显。

2. 数据选择器

数据选择器：根据地址选择码从多路数据输入中选择一路送到输出。它的作用相当于多个输入的单刀多掷开关。常用的数据选择器有 4 选 1 数据选择器(74×153 双 4 选 1 数据选择器)、8 选 1 数据选择器(74×151)和 16 选 1 数据选择器等多种类型。

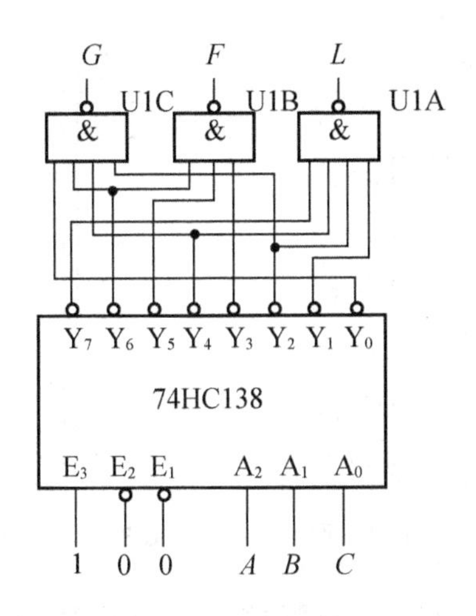

图 3.30　逻辑电路图

本实验采用集成数据选择器 74HC151，其功能表见表 3-8，引脚图和逻辑符号分别如图 3.31 和图 3.32 所示。

表 3-8　数据选择器 74HC151 的功能表

输　入				输　出	
$\overline{E}$	S_2	S_1	S_0	Y	$\overline{Y}$
1	×	×	×	0	1
0	0	0	0	D_0	$\overline{D0}$
0	0	0	1	D_1	$\overline{D1}$
0	0	1	0	D_2	$\overline{D2}$
0	0	1	1	D_3	$\overline{D3}$
0	1	0	0	D_4	$\overline{D4}$
0	1	0	1	D_5	$\overline{D5}$
0	1	1	0	D_6	$\overline{D6}$
0	1	1	1	D_7	$\overline{D7}$

根据 74HC151 的功能表可知，当 $\overline{E}=0$ 时，74HC151 的输出表达式为

$$Y=\overline{S_2}\,\overline{S_1}\,\overline{S_0}D_0+\overline{S_2}\,\overline{S_1}S_0D_1+\overline{S_2}S_1\,\overline{S_0}D_2+\overline{S_2}S_1S_0D_3+S_2\,\overline{S_1}\,\overline{S_0}D_4$$
$$+S_2\,\overline{S_1}S_0D_5+S_2S_1\,\overline{S_0}D_6+S_2S_1S_0D_7$$

即

$$Y=\sum_{i=0}^{7}m_i\cdot D_i$$

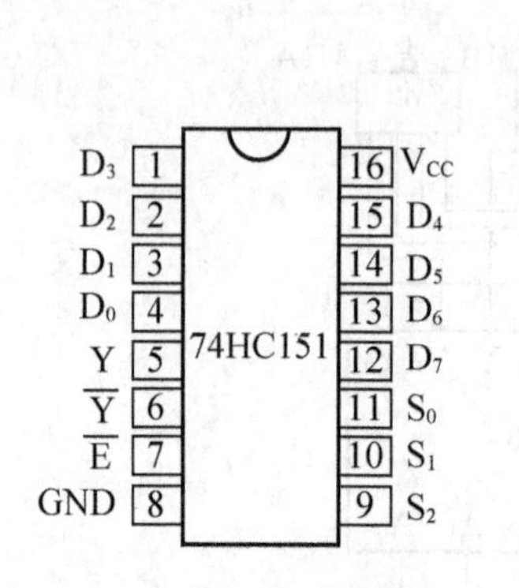

图 3.31　74HC151 引脚图

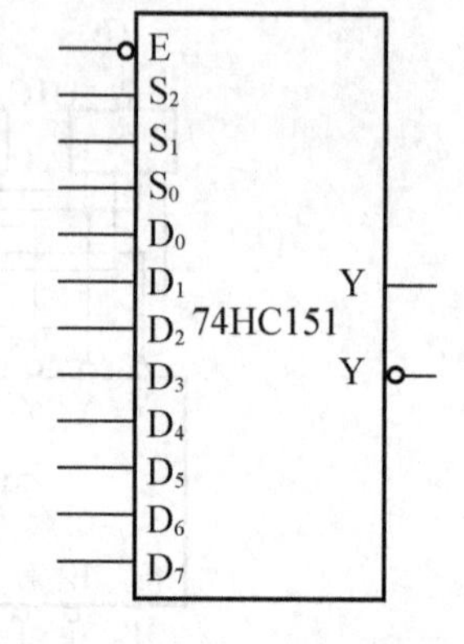

图 3.32　74HC151 逻辑符号

所以，通过控制 D_i，就可以得到不同的组合逻辑函数，即数据选择器也可以实现组合逻辑函数。

(1) 当逻辑函数的变量个数和数据选择器的地址输入变量个数相同时，可直接用数据选择器来实现逻辑函数。

(2) 当逻辑函数的变量个数小于数据选择器的地址输入变量个数时，只需将高位地址输入端接地及相应的数据输入端接地即可实现。

(3) 当逻辑函数的变量个数大于数据选择器的地址输入变量个数时，可采用扩展法或降维法来实现逻辑函数。

扩展法：用多片数据选择器扩展成地址输入端的个数和函数变量个数一样的数据选择器。

降维法：把函数中的某几个变量作为数据选择器的地址变量，剩余变量作为数据变量，如用 74HC151 来实现四变量的逻辑函数，可把其中的 3 个变量作为 74HC151 的地址变量，剩余的 1 个变量作为数据变量。

【例 3-2】 用 74HC151 实现 $L = \overline{X}YZ + X\overline{Y}Z + XY$ 逻辑函数。

解：由于 74HC151 是 8 选 1 数据选择器，有 3 个地址输入端，所以 74HC151 可直接实现 3 变量的组合逻辑函数。

(1) 将逻辑函数化为最小项表达式的形式

$$L = \overline{X}YZ + X\overline{Y}Z + XYZ + XY\overline{Z} = m_3 + m_5 + m_6 + m_7$$

(2) 将变量 X、Y、Z 分别作为 74HC151 的地址码 A_2、A_1、A_0，并将上式与 $Y = \sum_{i=0}^{7} m_i \cdot D_i$ 比较，可得

$$D_3 = D_5 = D_6 = D_7 = 1, D_0 = D_1 = D_2 = D_4 = 0$$

这样，74HC51 的输出 Y 便实现了函数：$L = \overline{X}YZ + X\overline{Y}Z + XY$

(3) 画逻辑电路图，如图 3.33 所示。

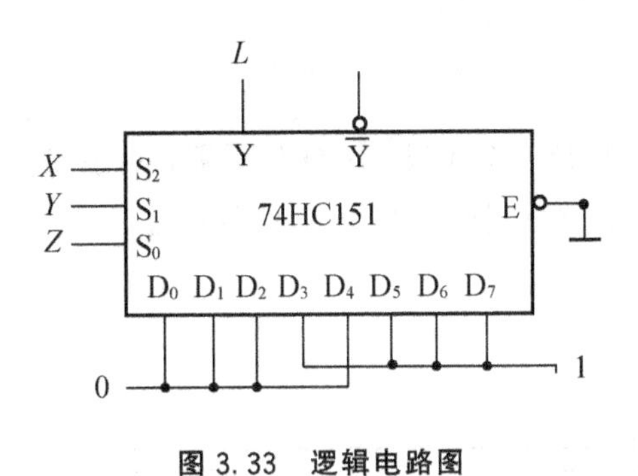

图 3.33　逻辑电路图

三、预习要求

(1) 复习译码器和数据选择器的原理。

(2) 熟悉 74HC138、74HC151 集成块的功能、使用方法。

(3) 掌握译用码器和数据选择器设计组合逻辑电路的方法。

(4) 掌握什么是全加器。

(5) 在预习报告中提前写出设计性实验的设计过程，并画出逻辑电路图。

(6) 画出实验中所用表格。

四、实验内容及要求

1. 译码器

(1) 测试并记录 74HC138 的真值表。

要求：按 74HC138 功能表逐项进行测试，自拟表格记录测试结果。

(2) 利用 74HC138 和 74HC20 实现全加器。

要求：写出详细的设计过程，画出电路图，并进行逻辑功能测试，自拟表格列出测试结果。

2. 数据选择器

(1) 测试并记录 74HC151 的真值表。

要求：按 74HC151 功能表逐项进行测试，自拟表格记录测试结果。

(2) 用一片 74HC151 实现 $Y(A,B,C,D)=\sum m(0,3,5,6,9,10,12,15)$。

要求：写出详细的设计过程，画出电路图，并进行逻辑功能测试，自拟表格列出测试结果。

3. 选做实验内容

(1) 用两片 74HC138 设计一个 4 线-16 线译码器，并验证其逻辑功能。

(2) 用 Verilog HDL 语言分别设计 3 线-8 线译码器和 8 选 1 数据选择器。

五、实验设备与器件

序号	仪器或器件名称	型号或规格	数量
1	数字逻辑电路实验箱	DZX-1	1
2	8 选 1 数据选择器	74HC151	1
3	3 线-8 线译码器	74HC138	2
4	二 4 输入与非门	74HC20	1

六、注意事项

(1) 译码器和数据选择器的控制端一定不要漏接或错接。

(2) 当用译码器设计组合逻辑电路时，逻辑函数输入变量的高低位一定要和译码器输入端的高低位一致。

七、故障排查

要对 MSI 设计的组合逻辑电路进行故障排查，电路原理和主要集成电路必须了解清楚，排查故障的步骤大致如下。

(1) 初步检查。对于 MSI 设计的组合逻辑电路，除了检查所用芯片的电源和地是否接好以外，还要检查集成芯片的使能端是否接好，这是与前面两个实验不同的地方。

(2) 逐级排查。在图 3.30 中，若经过测试，当输入 $A=0,B=0,C=0$ 时，L 不为 0，则出现故障。根据原理图，当 A、B、C 均为 0 时，译码器 74HC138 的输出 $\overline{Y}_1$、$\overline{Y}_2$、$\overline{Y}_4$、$\overline{Y}_7$ 均应为 1，此时可采用测量电压法进行检测，使用万用表先测试与非门 U1A 的 4 个输入端的电平，若 4 个输入端的电平均为 1，则可初步判定与非门 U1A 可能有问题。如果 4 个输入端的电平不均为 1，则可初步判定译码器 74HC138 可能有问题。经过更换芯片，故障消除，说明判断是正确的。

(3) 如果经过上述检查都没问题，就要考虑设计是否有错误。

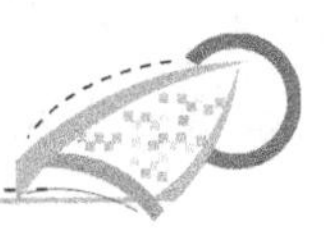

八、思考题

(1) 总结译码器和数据选择器主要的应用。

(2) 通过上述设计实验，用译码器和数据选择器设计组合逻辑电路的关键是什么？

(3) 比较用门电路设计组合逻辑和用专用集成块设计组合逻辑电路的优缺点。

(4) 怎样用双 4 选 1 数据选择器 74HC153 实现全加器？

(5) 怎么样利用数据选择器和译码器实现信息的“并行-串行-并行”传送？

3.5　触发器的研究

一、实验目的

(1) 掌握各类触发器的逻辑功能及其测试方法。

(2) 掌握触发器逻辑功能之间的相互转换。

(3) 熟悉时钟对触发器的触发作用，进一步熟悉数字逻辑实验箱中单脉冲和连续脉冲发生器的使用方法。

二、实验原理

触发器是构成时序逻辑电路的基本单元，是一种具有记忆功能，能存储 1 位二进制信息的逻辑电路，在数字系统和计算机中有着广泛的应用。

触发器的特点如下。

(1) 具有两个能自行保持的稳定的状态：0 状态和 1 状态。

(2) 加入适当的触发信号，电路可由一个稳态翻转到另一个稳态，即触发器具有触发翻转的性质。

(3) 当触发信号撤销后，能将获得的新状态保存下来。

1. JK 触发器

在输入信号为双端的情况下，JK 触发器是功能完善、使用灵活和通用性较强的一种触发器，JK 触发器的特征方程为

$$Q^{n+1} = J\,\overline{Q^n} + \overline{K}Q^n$$

JK 触发器有置 0、置 1、保持和翻转功能，且没有约束条件。

JK 触发器特性表见表 3－9。

表 3－9　JK 触发器的特性表

J	K	Q^{n+1}	功能
0	0	Q^n	保持
0	1	0	置 0
1	0	1	置 1
1	1	$\overline{Q^n}$	翻转

本实验采用的是下降沿触发的双边沿 JK 触发器 74HC112，其引脚图如图 3.34 所示。

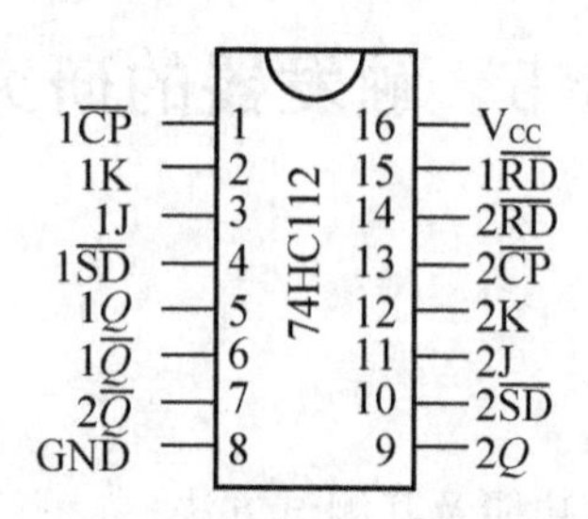

图 3.34　74HC112 引脚图

其中$\overline{SD}$为直接置 1 端，$\overline{RD}$为直接置 0 端，低电平有效，即只要当$\overline{SD}=0$ 时，$Q=1$；只要当$\overline{RD}=0$ 时，$Q=0$。$\overline{SD}$和$\overline{RD}$的作用与 CP 无关，所以也称为异步置 1 端和异步置 0 端。

注意：$\overline{SD}$和$\overline{RD}$不能同时为有效电平。

2. D 触发器

在输入信号为单端的情况下，D 触发器用起来最为方便，D 触发器的应用很广，可用作数字信号的寄存、移位寄存、分频和波形发生等，其特征方程为

$$Q^{n+1}=D$$

D 触发器的特性表见表 3－10。

表 3－10　D 触发器的特性表

D	Q^{n+1}	功能
0	0	置 0
1	1	置 1

本实验采用的是上升沿触发的双边沿 D 触发器 74HC74，其引脚图如图 3.35 所示。其中$\overline{SD}$和$\overline{RD}$的作用和 JK 触发器相同。

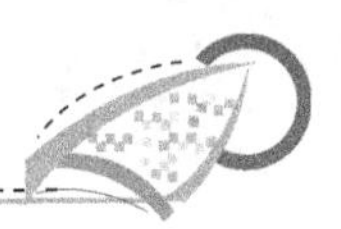

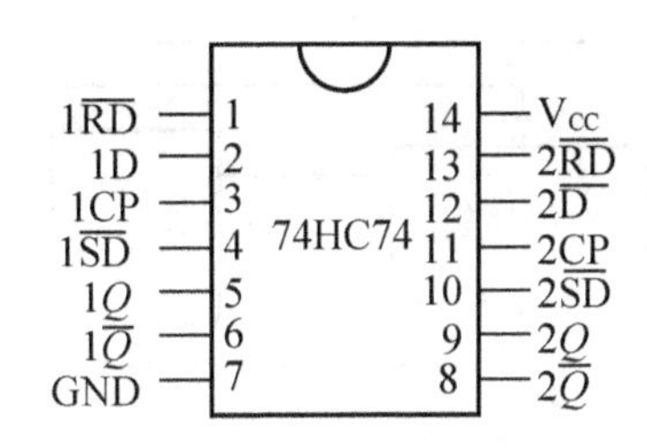

图 3.35 74HC74 引脚图

3. T 触发器

在数字电路中，凡在 CP 时钟脉冲控制下，根据输入信号 T 取值的不同，具有保持和翻转功能的电路，都称为 T 触发器。其特性方程为

$$Q^{n+1}=T\oplus Q^n$$

T 触发器的特性表见表 3-11。

表 3-11 T 触发器特性表

T	Q^{n+1}	功能
0	Q^n	保持
1	$\overline{Q}^n$	翻转

4. T′触发器

T′触发器只有翻转功能。将 T 触发器的 T 端接固定高电平就可得到 T′触发器。

5. 触发器之间的转换

触发器的转换就是用一个已有的触发器，去实现另一类型触发器的功能。

转换的意义：最常见的市售集成触发器是 JK 触发器和 D 触发器，若要实现其他触发器的逻辑功能，则可由 JK 触发器和 D 触发器进行转换。

转换方法：利用令已有触发器和待求触发器的特性方程相等的原则，求出转换逻辑电路。

转换步骤：

(1) 写出已有触发器和待求触发器的特性方程。

(2) 变换待求触发器的特性方程，使之形式与已有触发器的特性方程一致。

(3) 比较已有和待求触发器的特性方程，根据两个方程相同的原则求出转换逻辑。

(4) 根据转换逻辑画出逻辑电路图。

【例 3-3】 将 JK 触发器转换为 D 触发器(原理图见图 3.36)。

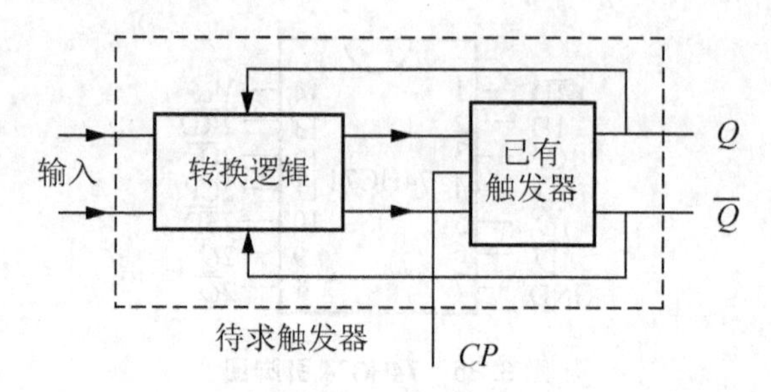

图 3.36　转换原理图

解：(1) 写出 JK 触发器和 D 触发器的特性方程：

JK 触发器的特性方程：

$$O^{n+1}=J\,\overline{Q^n}+\overline{K}Q^n$$

D 触发器的特性方程：

$$Q^{n+1}=D$$

(2) 变换 D 触发器的特性方程，使之与 JK 触发器的特性方程一致。

$$Q^{n+1}=D=D\cdot(Q^n+\overline{Q^n})=D\cdot\overline{Q^n}+D\cdot Q^n$$

(3) 把 JK 触发器的特性方程和变换后的 D 触发器的特性方程比较，可得

$$J=D,\ K=\overline{D}$$

(4) 画逻辑图，转换后的逻辑图如图 3.37 所示。

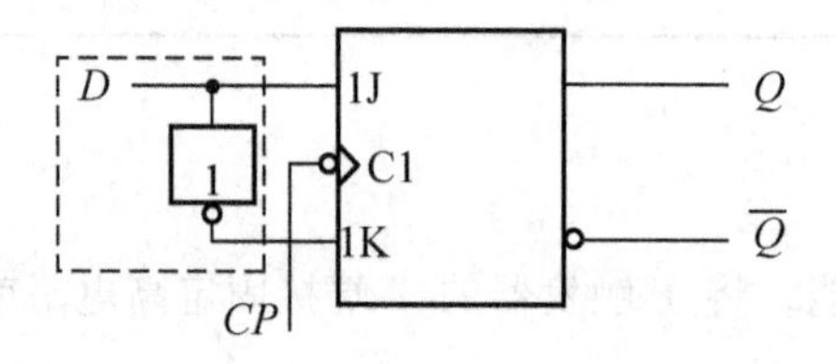

图 3.37　转换后的逻辑图

虚线框内为所求的转换逻辑电路。

三、预习要求

(1) 复习各类触发器的逻辑功能及其描述方法。

(2) 掌握集成触发器中直接置 1 端和直接置 0 端的功能。

(3) 复习各类触发器之间的转换方法。

(4) 在预习报告中写出“触发器之间的转换”的设计过程，并画出逻辑电路图，对于选做内容可自行在 Multisim 中进行仿真。

(5) 画出实验中用到的表格。

四、实验内容及要求

1. JK 触发器

（1）测试 74HC112 集成触发器的直接置 1 端和直接置 0 端的功能。

（2）测试 JK 触发器的逻辑功能，改变 J、K、CP 端状态，观察 Q、$\overline{Q}$ 状态变化，观察触发器状态更新是否发生在 CP 脉冲的下降沿，用列表的形式记录下来。

（3）写出 JK 触发器的特征方程。

2. D 触发器

（1）测试 74HC74 集成触发器的直接置 1 端和直接置 0 端的功能。

（2）测试 D 触发器的逻辑功能，改变 D、CP 端状态，观察 Q、$\overline{Q}$ 状态变化，观察触发器状态更新是否发生在 CP 脉冲的上升沿，用列表的形式记录下来。

（3）写出 D 触发器的特征方程。

3. 触发器之间的转换

（1）将 JK 触发器分别转换为 T 和 T′触发器。

要求：①写出设计过程，画出电路图；根据电路图搭接电路，测试并列出测试真值表。②写出 T、T′触发器的特性方程。

（2）将 D 触发器分别转换为 T 和 T′触发器。

要求：写出设计过程，画出电路图；根据电路图搭接电路，测试并列出测试真值表。

4. 选做实验内容

（1）自选器件设计一个简易的二人抢答器，该抢答器具有如下功能（可在 Multisim 中仿真）。

① 每位选手控制一个抢答按钮，按下按钮发出抢答信号。

② 竞赛主持人持有一个复位按钮，用于每次抢答前将电路复位。

③ 当竞赛开始后，先按下按钮的选手抢答成功，对应的指示灯亮，并使对方的按钮不起作用。

（2）用 Verilog HDL 语言分别设计一个上升沿触发的 JK 触发器和 D 触发器。

五、实验设备与器件

序号	仪器或器件名称	型号或规格	数量
1	数字逻辑电路实验箱	DZX-1	1
2	双踪示波器	DS1052D	1
3	集成 D 触发器	74HC74	1
4	集成 JK 触发器	74HC112	1
5	四 2 输入与非门	74HC00	1

六、注意事项

(1) 当测试双 JK 触发器的逻辑功能时，只需测试其中一个触发器即可。

(2) 为了便于观察输出状态的变化，将 CP 接到单次脉冲源或频率比较低的连续脉冲源上。

七、故障排查

当检查触发器的故障时，除了按实验 3.2 故障排查中的步骤(1)～(4)进行初步检查外，还要检查触发器的直接置 0 端和直接置 1 端是否处理正确。

触发器常见的故障现象及消除方法如下。

故障现象 1：触发器 74HC112 或 74HC74 逻辑功能间断正常。

原因：触发器的直接置 0 端或直接置 1 端悬空。

解决：将触发器的直接置 0 端和直接置 1 端接入高电平。

故障现象 2：当输入改变时，触发器的输出却保持不变。

原因 1：触发器的直接置 0 端或直接置 1 端被接入低电平。

解决：用万用表测量直接 0 端或直接置 1 端的电压，看是否为低电平，若为低电平就改接为高电平，然后再测试一下逻辑功能，若功能正确，则说明就是此原因，否则可能是原因 2。

原因 2：对触发器边沿触发特性概念不清，CP 接入错误或 CP 脉冲出现故障。

解决：深刻理解触发器的边沿触发特性，检查 CP 脉冲是否正确。

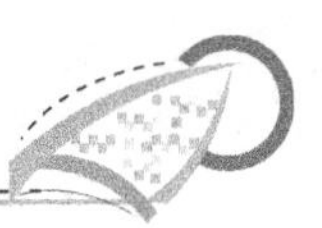

八、思考题

（1）什么是电平触发？什么是主从触发？什么是边沿触发？基本 RS 锁存器的约束条件是什么？基本 RS 锁存器与 JK、D 触发器的区别是什么？

（2）触发器复位、置位的正确操作方法是什么？当触发器实现正常逻辑功能时，其复位、置位端应处于什么逻辑状态？

（3）能用逻辑电平开关作为触发器的 CP 时钟脉冲输入信号源吗？为什么？

（4）如何把 D 触发器转换为 RS 触发器、JK 触发器？

3.6 SSI 时序逻辑电路的设计与测试

一、实验目的

（1）加深理解时序逻辑电路的工作原理。

（2）掌握用触发器设计同步时序逻辑电路的方法。

（3）学习时序逻辑电路的功能测试方法。

二、实验原理

时序逻辑电路的设计是时序逻辑电路分析的逆过程，就是根据给定的逻辑功能要求（文字、图形或波形图来描述），选择适当的逻辑器件，设计出符合要求的时序逻辑电路。

同步时序逻辑电路设计的一般步骤如下。

（1）根据设计要求建立原始状态图。

（2）状态化简，求出最简状态图 。

（3）状态分配(状态编码)。

（4）确定触发器的类型。

（5）求出电路的状态方程、激励方程和输出方程。

（6）画出逻辑图。

（7）检查自启动能力。

【例 3－4】 设计一个串行数据检测电路，当连续输入 3 个或 3 个以上“1”时，电路输出为“1”，其他情况下输出为“0”。

解：(1)建立原始状态图。

① 确定输入输出变量。设输入数据为输入变量，用 X 表示，检测结果为输出变量，用 Z 表示。

② 设定电路状态。根据题意可知，电路的原始状态有 4 个：S_0 表示电路收到“1”以前的状态，S_1 表示电路收到了一个“1”的状态，S_2 表示电路收到了连续两个“1”的状态，S_3 表示电路收到了连续 3 个及 3 个以上“1”的状态。

③ 确定状态之间转换关系，画原始状态图，如图 3.38 所示。

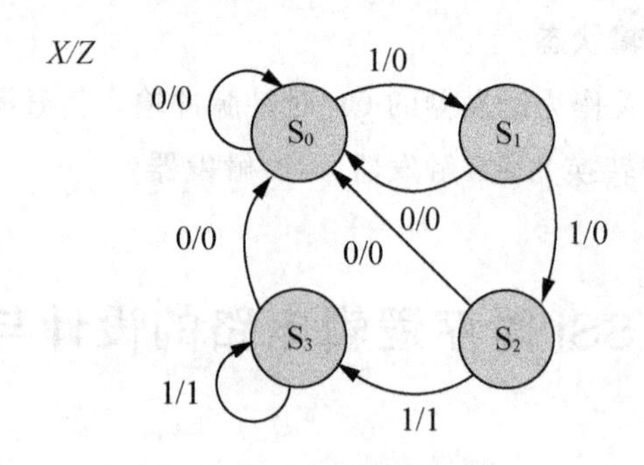

图 3.38　原始状态图

(2) 根据等价状态进行状态化简。由图 3.38 可知，状态 S_2 和 S_3 等价，简化状态图如图 3.39 所示。

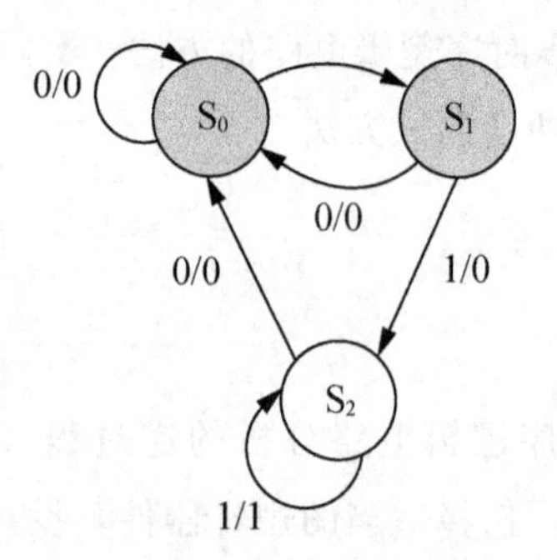

图 3.39　简化状态图

(3) 状态分配。该电路有 3 个状态，所以需两个触发器。编码状态图如图 3.40 所示。

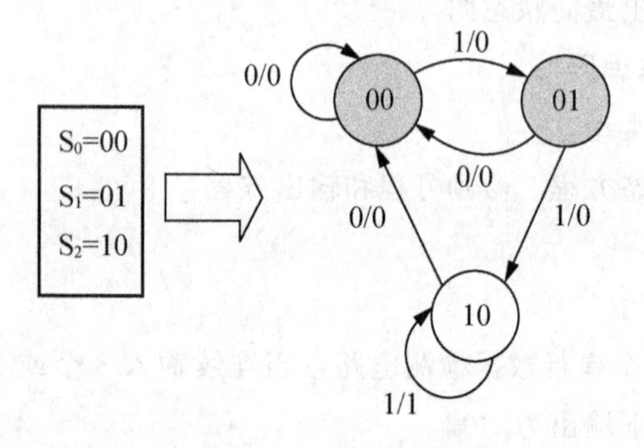

图 3.40　编码状态图

(4) 确定触发器类型。选用两个 CP 下降沿触发的边沿 JK 触发器(74HC112)。

(5) 求状态方程、驱动方程和输出方程。根据编码形式的状态图，列状态转移表(表 3 - 12)。

表 3 - 12 状态转移表

X	$Q_2^n Q_1^n$	$Q_2^{n+1} Q_1^{n+1}$	Z
0	00	00	0
1	00	01	0
0	01	00	0
1	01	10	0
0	10	00	0
1	10	10	1
0	11	××	×
1	11	××	×

根据状态转移表，求输出方程、状态方程。

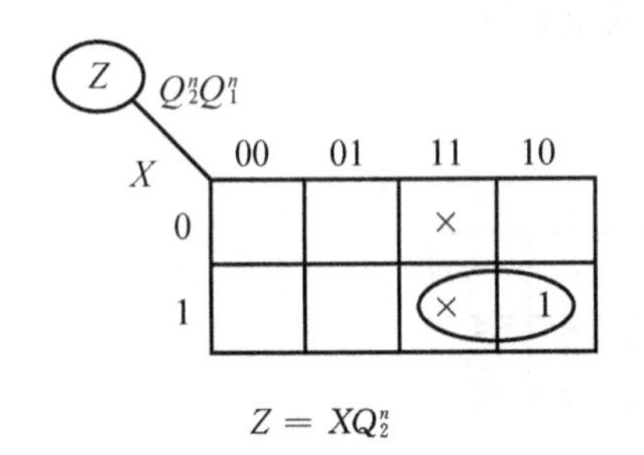

$Z = XQ_2^n$

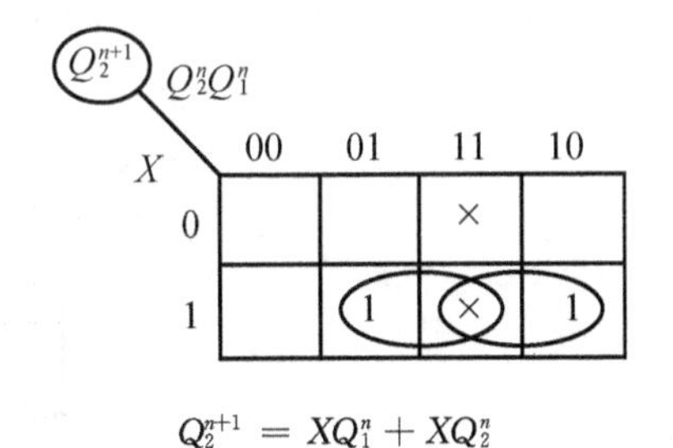

$Q_2^{n+1} = XQ_1^n + XQ_2^n$

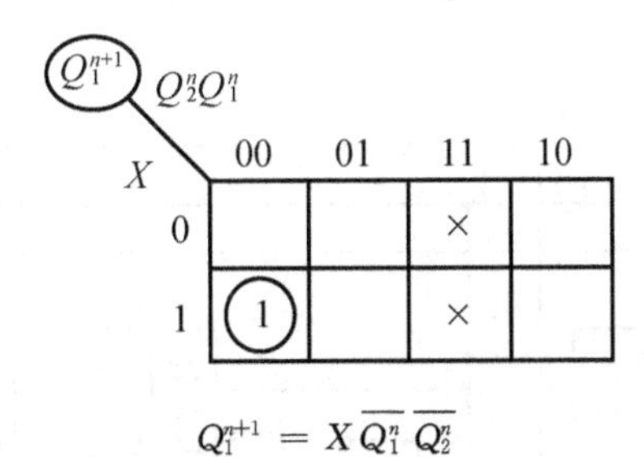

$Q_1^{n+1} = X\overline{Q_1^n}\,\overline{Q_2^n}$

比较次态方程与特征方程，求驱动方程。

$$Q_2^{n+1} = XQ_1^n + XQ_2^n = XQ_1^nQ_2^n + XQ_1^n\overline{Q_2^n} + XQ_2^n = XQ_1^n\overline{Q_2^n} + XQ_2^n$$

$$Q_1^{n+1} + X\overline{Q_2^n}\,\overline{Q_1^n}$$

与 JK 触发器的特征方程 $Q^{n+1}=J\overline{Q^n}+\overline{K}Q^n$ 比较得

$$\begin{cases} J_2 = XQ_1^n \\ K_2 = \overline{X} \end{cases} \quad \begin{cases} J_1 = X\overline{Q_2^n} \\ K_1 = 1 \end{cases}$$

(6) 画出逻辑图(图 3.41)。

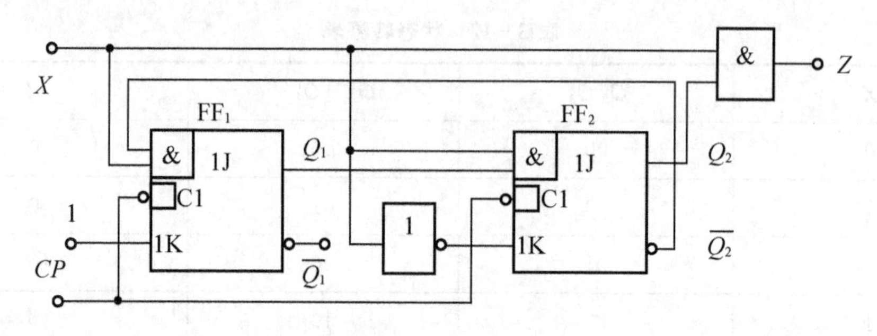

图 3.41 逻辑图

(7) 检查自启动能力。

将无效状态“11”代入输出方程和状态方程计算：

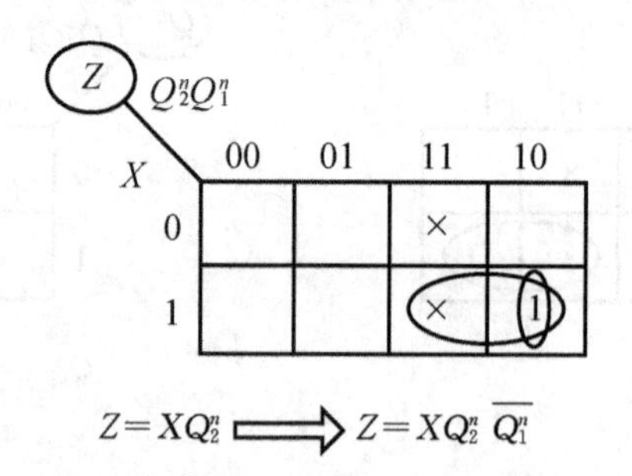

从上面可以看出，无效状态“11”可以进入有效状态，所以能自启动，但输出有错，在“11”状态下，输出应该为“0”，所以要修改输出方程。

X \ $Q_2^nQ_1^n$	00	01	11	10
0			×	
1			×	1

$$Z = XQ_2^n \Longrightarrow Z = XQ_2^n\overline{Q_1^n}$$

(8) 修改逻辑图(图 3.42)。

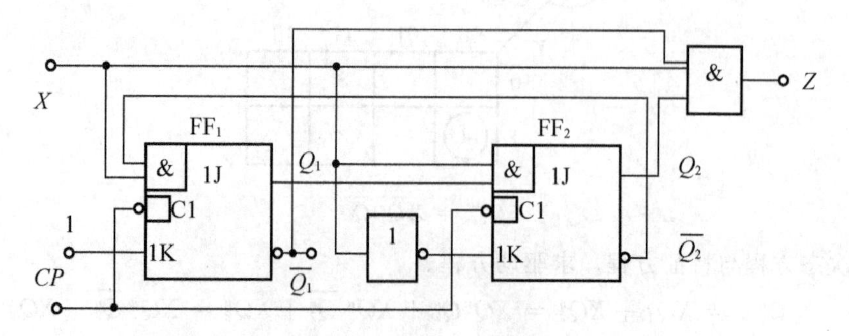

图 3.42 修改后的逻辑图

三、预习要求

(1) 复习 74HC112 的逻辑功能和测试方法。

(2) 掌握 SSI 设计同步时序逻辑电路的方法。

(3) 根据实验内容要求，写出设计过程，并画出逻辑电路图和实验用表格。

四、实验内容及要求

1. 同步二进制加法计数器设计

内容：用 JK 触发器 74HC112 设计一个 4 位同步二进制加法计数器。

要求：(1) 写出详细的设计过程，画出电路图。

(2) 将 CP 接到单次脉冲上，输出接到数码管或发光二极管上进行逻辑功能测试，画出测试的状态图。

(3) 将 CP 接到 1kHz 的连续脉冲上，用示波器分别观察输出与 CP 脉冲的关系，并画出波形图。

2. 同步十进制加法计数器设计

内容：用 JK 触发器 74HC112 和门电路设计一个 8421BCD 码的同步十进制加法计数器。

要求：同上。

3. 选做实验内容

用 Verilog HDL 语言设计一个同步十进制加法计数器。

五、实验设备与器件

序号	仪器或器件名称	型号或规格	数量
1	数字逻辑电路实验箱	DZX-1	1
2	双踪示波器	DS1052D	1
3	双 JK 触发器	74HC112	2
4	四 2 输入与非门	74HC00	1
5	三输入端与门	74HC11	1

六、注意事项

(1) SSI 时序逻辑电路的设计一定要仔细。

(2) 触发器的直接置 1 端和直接置 0 端不要漏接或错接。

(3) 检查电路能否自启动。在 CLK 脉冲未加入前，先将输出置成循环状态以外的无效态，然后再加入计数脉冲，观察电路能否进入有效循环状态。

七、故障排查

时序逻辑电路的故障排查步骤大致如下。

(1) 当时序逻辑电路的输出状态不正确时，首先检查输出显示的数码管或发光二极管是否正常。

(2) 初步检查。对于 SSI 设计的时序逻辑电路，除了检查所用芯片的电源和地是否接好以外，还要检查各触发器的直接置 0 端和直接置 1 端是否接好。

(3) 用示波器检查各触发器的时钟信号 CP 是否正常。

(4) 逐级排查。可从最后一级触发器向前逆行检查，也可从最前触发器开始向后正向检查。

(5) 检查设计方案是否有误。

八、思考题

(1) 如果选用 74HC74，则怎样实现上述实验内容？

(2) 当设计的电路不能自启动时，如何快速修改逻辑设计？

3.7 计数器及其应用

一、实验目的

(1) 掌握用 D 触发器、JK 触发器构成异步计数器的方法。

(2) 熟悉集成计数器的逻辑功能和各控制端的作用，理解同步清零、异步清零、同步置数、异步置数的区别。

(3) 能够灵活运用集成计数器，实现任意进制计数器和分频器的方法。

二、实验原理

计数器是数字系统中的基本逻辑部件，其功能是记录输入脉冲的个数。它所能记忆的最大脉冲个数被称为该计数器的模。它广泛应用于分频、定时、产生脉冲序列、数字运算中。

计数器的分类：

(1) 按照脉冲输入方式：分为同步和异步计数器。

(2) 按照进位体制：分为二进制、十进制和任意进制计数器。

(3) 按照计数方式：分为加法、减法和可逆计数器。

(4) 按照电路集成度：分为小规模集成计数器和中规模集成计数器。

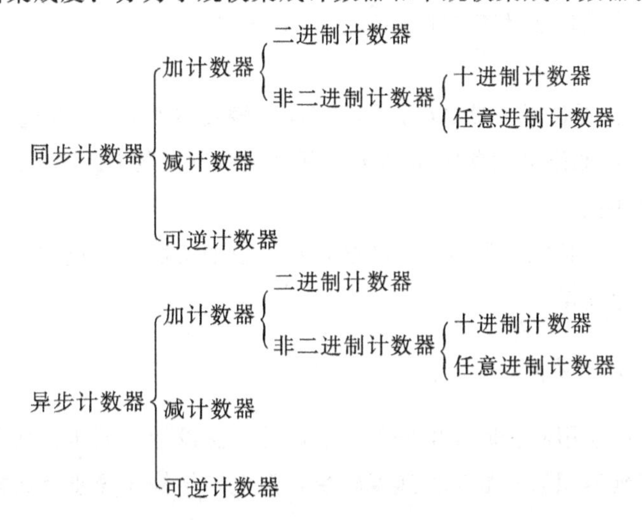

1. 用触发器构成异步计数器

用 N 个触发器可以构成 N 位二进制异步加/减计数器。

由 D 解发器组成的 3 位二进制异步计数器如图 3.43 所示。

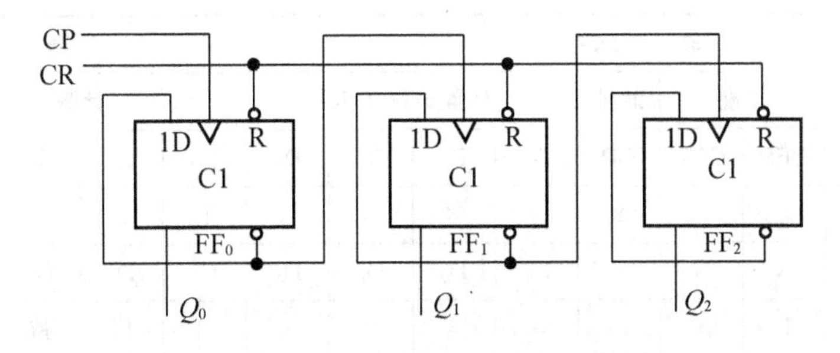

图 3.43　3 位二进制异步加计数器

将图 3.43 中的低位触发器的 Q 端与相邻高位触发器的 CP 端相连接，即可构成 3 位二进制异步减计数器，如图 3.44 所示。

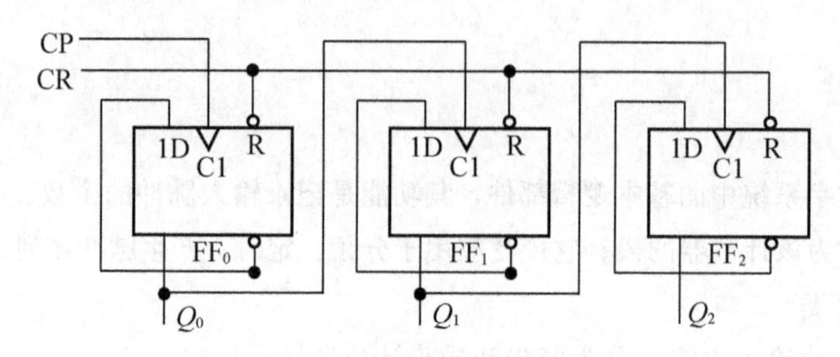

图 3.44 3位二进制异步减计数器

同理，用 JK 触发器也可构成异步二进制加、减计数器。

异步二进制计数器总结：

(1) 将触发器接成计数状态 ($D=\overline{Q}$，$J=K=1$)。

(2) 加计数器。

① 上升沿触发：低位触发器的$\overline{Q}$端与相邻高位触发器的 CP 端相连接。

② 下降沿触发：低位触发器的 Q 端与相邻高位触发器的 CP 端相连接。

(3) 减计数器相反。

在异步计数器中，高位触发器的翻转必须在低位触发器产生进位信号或借位信号之后才能实现，故工作速度慢。

2. 用触发器构成同步计数器

同步计数器可以应用同步时序电路的一般设计方法设计。同步计数器所有触发器的状态同时更新，没有延迟积累，故工作速度较快，但电路结构比异步计数器复杂。

3. 中规模集成计数器

对于典型集成计数器 74LVC161，其逻辑功能表见表 3-13。

表 3-13 74LVC161 逻辑功能表

输入									输出				
清零$\overline{CR}$	预置$\overline{PE}$	使能		时钟	预置数据输入				计数				进位 TC
		CEP	CET	CP	D_3	D_2	D_1	D_0	Q_3	Q_2	Q_1	Q_0	
L	×	×	×	×	×	×	×	×	L	L	L	L	L
H	L	×	×	↑	D_3	D_2	D_1	D_0	D_3	D_2	D_1	D_0	*
H	H	L	×	×	×	×	×	×		保	持		*
H	H	×	L	×	×	×	×	×		保	持		*
H	H	H	H	↑	×	×	×	×		计	数		*

其中：$\overline{CR}$为异步清零端，$\overline{PE}$为同步并行置数端。

逻辑符号如图 3.45 所示，引脚图如图 3.46 所示。

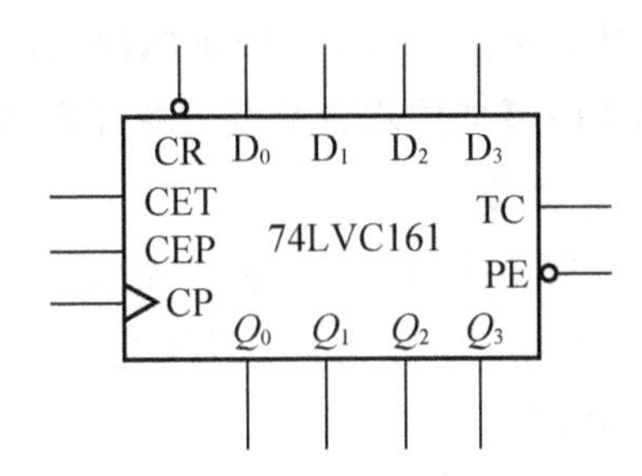

图 3.45　74LVC161 逻辑符号

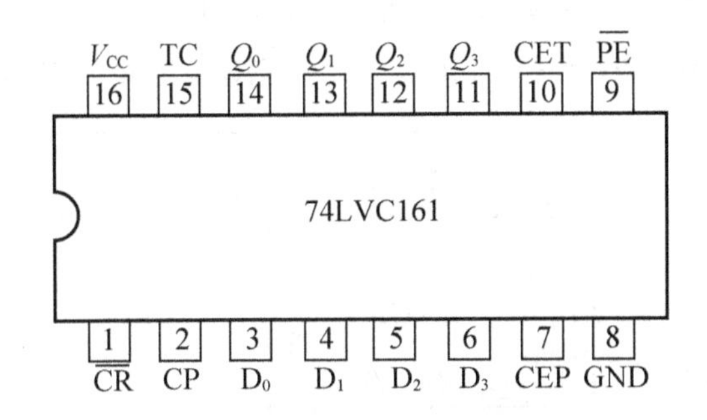

图 3.46　74LVC161 引脚图

下面介绍几种常用的集成电路计数器。

表 3-14　几种常用的集成电路计数器

CP 引入方式	型号	计数模式	清零方式	预置数方式
同步	74XX161	4 位二进制加法	异步(L)	同步(L)
	74XX163	4 位二进制加法	同步(L)	同步(L)
	74XX160	十进制加法	异步(L)	同步(L)
	74XX162	十进制加法	同步(L)	同步(L)
	74XX191	单时钟 4 位二进制可逆	无	异步(H)
	74XX193	双时钟 4 位二进制可逆	异步(H)	异步(L)
	74XX190	单时钟十进制可逆	无	异步(H)
	74XX192	双时钟十进制可逆	异步(H)	异步(L)
异步	74XX293	二-八-十六进制加法	异步	无
	74XX290	二-五-十进制加法	异步	异步置 9
	74XX390	二-十进制	异步	无

4. 用集成计数器构成任意进制计数器

利用集成计数器的清零端和置数端归零，从而构成按自然态序进行计数的 N 进制计数器。

1）用同步清零端或同步置数端归零构成 N 进制计数器

使计数器从初态 0 开始计数，经历 $N-1$ 个时钟脉冲到达终止态 S_{N-1}，利用外电路产生清零信号并反馈到计数器同步清零或同步置数端，使计数器下一状态回到初态 0。

（1）写出状态 S_{N-1} 的二进制代码。

（2）求归零逻辑，即求同步清零或同步置数控制端信号的逻辑表达式，画出电路图。

2）用异步清零端或异步置数端归零构成 N 进制计数器

（1）写出状态 S_N 的二进制代码。

（2）求归零逻辑，即求异步清零或异步置数控制端信号的逻辑表达式，画出电路图。

【例 3－5】 用 74LVC161 来构成一个九进制计数器。

（1）异步反馈清零法：$S_N = S_9 = 1001$，$\overline{CR} = \overline{Q_3^n Q_0^n}$，电路如图 3.47 所示。

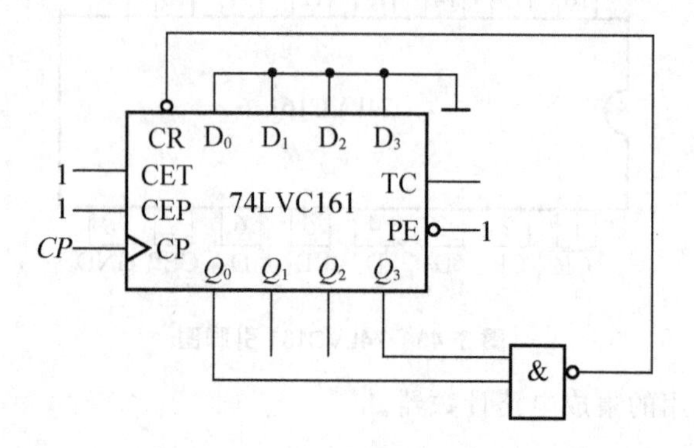

图 3.47 用异步清零端$\overline{CR}$清零

（2）同步反馈置数法：$S_{N-1} = S_8 = 1000$，$\overline{PE} = \overline{Q_3^n}$，电路如图 3.48 所示。

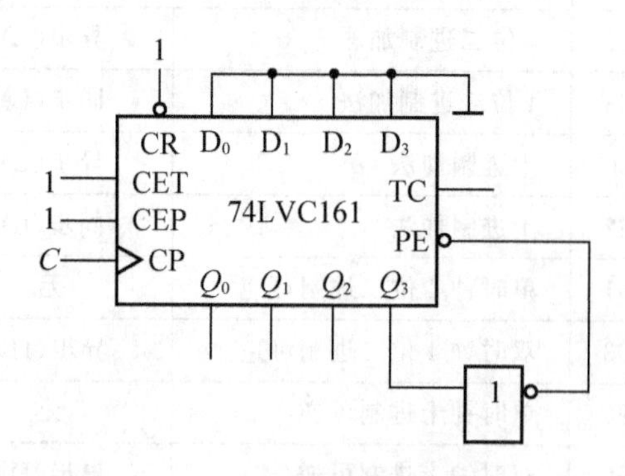

图 3.48 用同步置数端$\overline{PE}$置零

反馈置数法也可 $D_3D_2D_1D_0$ 端接 0111，$\overline{PE} = \overline{TC}$，则计数状态为 0111～1111，电路如图 3.49 所示。

置零控制电路不仅可以用门电路实现，还可以采用加法器、译码器等电路实现。

单片计数器的计数范围是有限的，当计数模值超过计数范围时，可以用计数器的级联来实现。若采用两片 74LVC161 可以扩展为 256 进制计数器，由 256 进制计数器可以实现 256 进制以内的任意进制计数器。

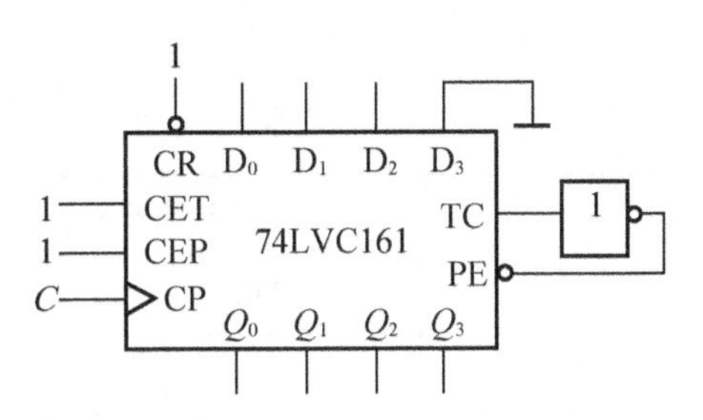

图 3.49 反馈置数法的另一种电路

三、预习要求

（1）复习用触发器设计计数器的方法。

（2）熟悉集成计数器 74LVC161 的逻辑功能、使用方法。

（3）掌握集成计数器功能扩展的方法。

（4）掌握由集成计数器构成任意进制计数器的方法。

（5）根据实验内容要求，写出设计过程，并画出逻辑电路图和实验用表格。

四、实验内容及要求

1. 异步二进制加计数器

将 1 片 74HC74 中的两个 D 触发器构成一个 2 位二进制异步加计数器，用示波器观测并记录 CP、Q_1、Q_2 的波形。

2. 集成计数器

（1）74LVC161 是四位二进制同步集成加计数器，测试并列出其功能表。

（2）用 74LVC161 构成十进制计数器(用反馈清零法和反馈置数法来实现)，将 CP 接到单次脉冲上，用数码管显示记数情况，测试并列出其真值表。

（3）用 74LVC161 构成二十四进制计数器，将 CP 接到单次脉冲上，用数码管显示计数情况，测试并列出其真值表。

3. 选做实验内容

用 Verilog HDL 语言实现 74LVC161 的功能。

五、实验设备与器件

序号	仪器或器件名称	型号或规格	数量
1	数字逻辑电路实验箱	DZX-1	1
2	双踪示波器	DS1052D	1
3	双 D 触发器	74HC74	1
4	4 位二进制加法计数器	74LVC161	2
5	四 2 输入法与非门	74HC00	1
6	二 4 输入与非门	74HC20	1

六、注意事项

(1) 注意 74HC74、74LVC161 的触发方式。

(2) 注意异步和同步的区别，74LVC161 是异步清零、同步置数。

七、故障排查

当检查计数器或由计数器构成的时序逻辑电路的故障时，除了按 3.2 节故障排查中的步骤(1)～(4)进行初步检查外，还要检查计数器的一些控制端，如清零端、置数端以及计数控制端等是否处理正确。计数器常见的故障现象及解决办法如下。

故障现象 1：计数器不计数。

原因 1：计数器芯片的电源、地线接触不良。

解决：用万用表测量芯片的电源、地线，观察电压是否正确。

原因 2：计数器芯片控制引脚信号线接触不良或接入的电平不正确，如把清零端接了低电平或置数端接了低电平。

解决：用万用表测量芯片控制引脚电平状态，从而判断信号线是否接触良好或接入的电平是否正确。

原因 3：计数器芯片控制引脚悬空。

解决：把控制引脚接入正确的电平，悬空容易引入干扰。

原因 4：没有时钟信号输入。

解决办法：用示波器观测连续时钟信号，用万用表观测单脉冲信号，观察是否有时钟信号，时钟信号高、低电平是否满足芯片所需要求。

故障现象2：计数器计数进制不对，如用74LVC161构成九进制，测试结果却不是九进制。

原因1：没有在正确的状态产生清零或置数信号。

解决：理解异步和同步的区别，图3.47是清零法构成的九进制计数器，由于74LVC161具有异步清零功能，所以要在1001状态产生清零信号，检查故障步骤如下：①检查与非门的两个输入端是否接的是Q_3和Q_0；②检查与非门是否只是在1001产生低电平，其余状态都为高电平，若是则说明整个译码电路没问题，问题可能是计数器芯片损坏，若不是则说明与非门有问题，更换与非门。

八、思考题

（1）如何用计数器构成分频电路？

（2）总结由D触发器、JK触发器组成异步二进制计数器的方法。

（3）总结用集成计数器实现任意进制计数器的方法。

3.8　集成移位寄存器及其应用

一、实验目的

（1）熟悉中规模集成移位寄存器74HC194(74LS194)的功能及使用方法。

（2）掌握74HC194在数据串/并行转换、构成计数器等方面的应用。

二、实验原理

移位寄存器是一种具有移位功能的寄存器，寄存器中所存储的代码能够在移位脉冲的作用下依次左移或右移。既可左移又可右移的移位寄存器称为双向移位寄存器。

根据移位寄存器存取信息的方式不同分为串入串出、串入并出、并入串出、并入并出4种形式。

1. 集成双向移位寄存器74HC194

74HC194是一个4位双向移位寄存器，其引脚图如图3.50所示，功能表见表3-15。

其中，CP是时钟输入端，上升沿有效；$\overline{CR}$异步清零端；S_1和S_0是工作状态控制输入端，与时钟CP同步；$DI_0DI_1DI_2DI_3$是并行数据输入端；$Q_0Q_1Q_2Q_3$是并行数据输出端；D_{SR}和D_{SL}分别是右移和左移时的串行数据输入端。

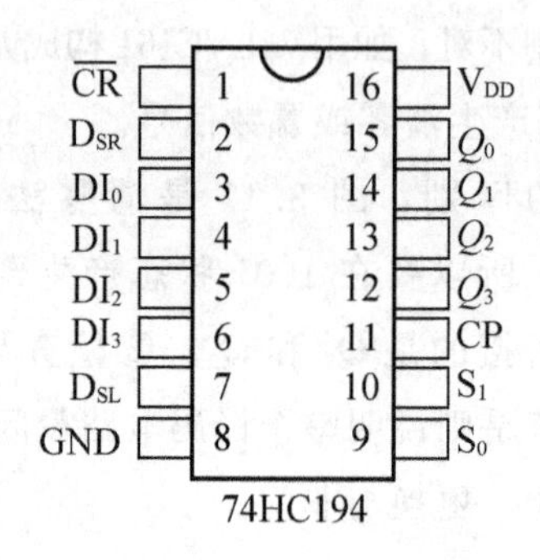

图 3.50　74HC194 引脚图

表 3-15　74HC194 功能表

输入										输出				功能
清零	控制信号		串行输入		时钟	并行输入				Q_0^{n+1}	Q_1^{n+1}	Q_2^{n+1}	Q_3^{n+1}	
$\overline{CR}$	S_1	S_0	右移 D_{SR}	左移 D_{SL}	CP	DI_0	DI_1	DI_2	DI_3					
L	×	×	×	×	×	×	×	×	×	L	L	L	L	清零
H	L	L	×	×	×	×	×	×	×	Q_0^n	Q_1^n	Q_2^n	Q_3^n	保持
H	L	H	L	×	↑	×	×	×	×	L	Q_0^n	Q_1^n	Q_2^n	右移
H	L	H	H	×	↑	×	×	×	×	H	Q_0^n	Q_1^n	Q_2^n	右移
H	H	L	×	L	↑	×	×	×	×	Q_1^n	Q_2^n	Q_3^n	L	左移
H	H	L	×	H	↑	×	×	×	×	Q_1^n	Q_2^n	Q_3^n	H	左移
H	H	H	×	×	↑	DI_0^*	DI_1^*	DI_2^*	DI_3^*	DI_0	DI_1	DI_2	DI_3	并入

注：DI_N^* 表示 CP 上升沿之前瞬间 DI_N 的电平。

2. 移位寄存器的应用

移位寄存器的应用很广，可将串行数码转换成并行数码，或将并行数码转换成串行数码，还可以很方便地构成移位寄存器型计数器和顺序脉冲发生器等电路。

1）用 74HC194 构成环形计数器

由 74HC194 构成的环形计数器如图 3.51 所示。

环形计数器加 CP 脉冲运行之前，应先给定初始状态。当 S_1 输入正脉冲信号时，$S_1S_0=11$，并行置数；当 S_1 返回低电平，$S_1S_0=01$，电路处于右移模式。此时再加 CP，电路便开始环形计数。若并行置数端给定 $DI_3DI_2DI_1DI_0=0001$，当第 1 个 CP 上升沿到来后，置初态 $Q_3Q_2Q_1Q_0=0001$；第 2 个 CP 上升沿到来后，$Q_3Q_2Q_1Q_0=0010$；第 3 个 CP 上升沿到来后，$Q_3Q_2Q_1Q_0=0100$；第 4 个 CP 上升沿到来后，$Q_3Q_2Q_1Q_0=1000$；第 5 个 CP 上升沿到来后，$Q_3Q_2Q_1Q_0=0001$，形成右移环形计数器。状态转换图如图 3.52 所示。

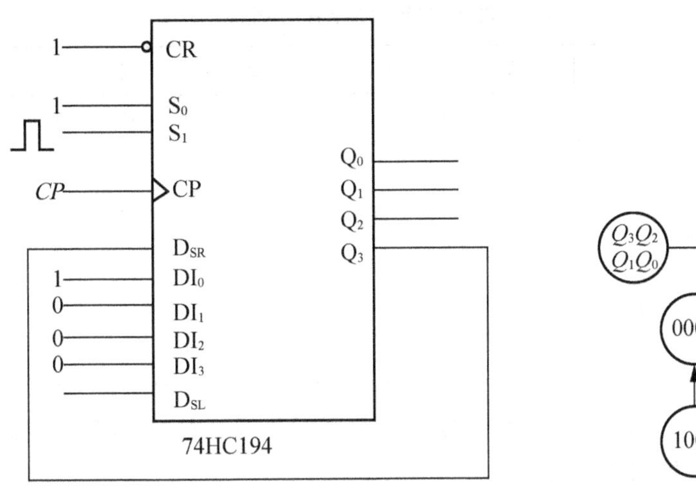

图 3.51　用 74HC194 构成环形计数器

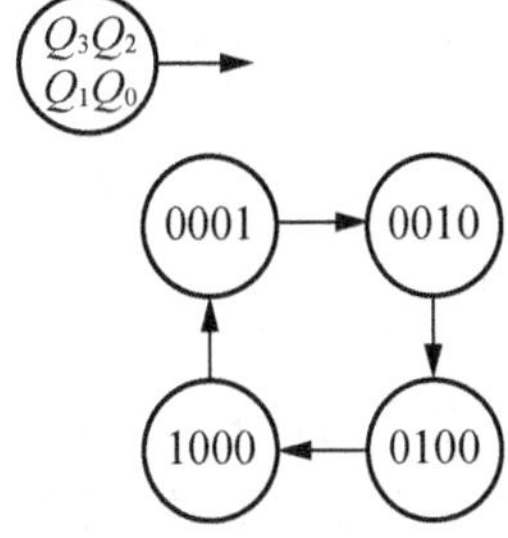

图 3.52　状态转换图

2）用 74HC194 构成串/并行数据转换器

用一片 74HC194 和一片 74HC00 以右移方式构成一个带有标志位的 3 位串/并行数据转换器。其电路如图 3.53 所示。

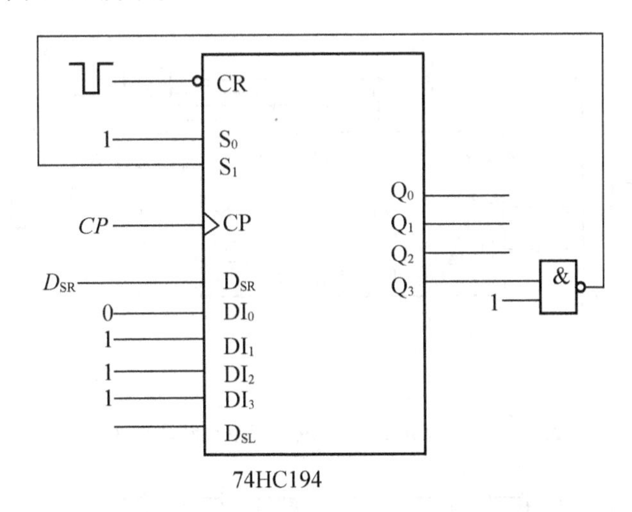

图 3.53　用 74HC194 构成串/并行数据转换器

转换过程：转换前 $\overline{CR}$ 输入低电平，使寄存器清 0，此时 $S_1S_0=11$，寄存器处于并行置数状态，同步置数端 $DI_3DI_2DI_1DI_0=1110$。当第 1 个 CP 的上升沿到来时，寄存器输出为 $Q_3Q_2Q_1Q_0=1110$，此时 $S_1S_0=01$，电路状态变为串行输入右移工作方式，串行数据 $d_1d_2d_3$ 依次从 D_{SR} 送入，CP 上升沿到来一次，寄出存器中的数据右移一位，同时输入新数据到 Q_0；第 4 个 CP 上升沿到来时，转换结束标志 $Q_3=0$，结束第一组串行数码的输入过程，前面输入的 3 个串行数据 $d_1d_2d_3$ 已转换成并行数据从 Q_2 Q_1 Q_0 输出；同时 $S_1S_0=11$，电路重新时入并行置数状态，准备输入第 2 组串行数据。数据转换过程见表 3-16。

表 3-16　3 位串/并行数据转换过程表

CR	CP	D_{SR}	Q_0	Q_1	Q_2	Q_3	功能
0	×	×	0	0	0	0	清零
1	1	×	0	1	1	1	置数
1	2	d_1	d_1	0	1	1	右移
1	3	d_2	d_2	d_1	0	1	右移
1	4	d_3	d_3	d_2	d_1	0	右移
1	5	×	0	1	1	1	置数

此外，也可将两片 4 位双向移位寄存器 74HC194 扩展成 8 位双向移位寄存器，设计一个带有标志位的 7 位串/并转换器。

并/串转换器的功能与串/并转换器功能正好相反。并行置数，右移或左移数据，从 Q_3 或 Q_0 输出串行数据。

3）用 74HC194 构成的顺序负脉冲产生器

用一片 74HC194 和一片 74HC20 构成顺序负脉冲产生器如图 3.54 所示，其时序图如图 3.55 所示。

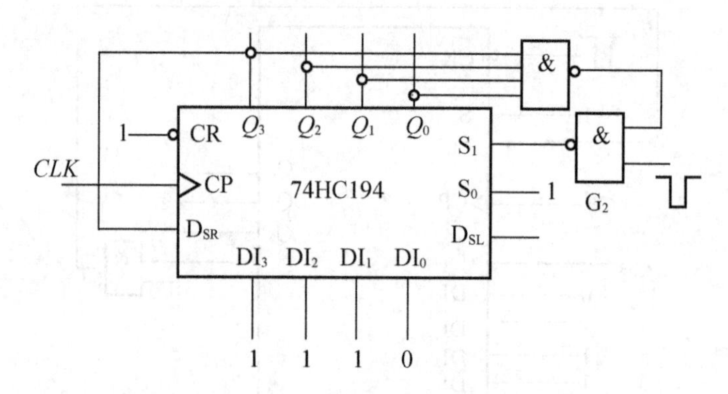

图 3.54　由 74HC194 构成的顺序负脉冲产生器

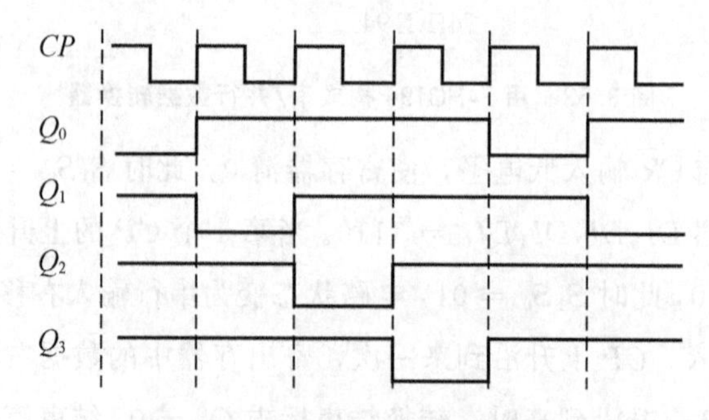

图 3.55　顺序负脉冲产生器时序图

三、预习要求

（1）拟定实验方案及步骤。

（2）根据实验内容要求，设计各电路，并根据给定的器件画出实验电路图。

（3）绘制实验中所需记录数据的表格。

四、实验内容及要求

1. 测试4位双向移位寄存器74HC194的逻辑功能表

$Q_3Q_2Q_1Q_0$ 端接LED显示，CP端接单次正脉冲，S_1S_0 端接电平输出开关，测试并记录实验结果，列出74HC194的逻辑功能表。

2. 环形计数器

（1）参照图3.51连接好电路，$Q_3Q_2Q_1Q_0$ 端接LED显示，CP、S_1 端接单次正脉冲，S_0端接高电平。

（2）观察并记录输出状态。

3. 用74HC194构成3位串/并行数据转换器

（1）参照图3.53连接好电路，$Q_3Q_2Q_1Q_0$ 端接LED显示，CP端接单次正脉冲，S_1端接单次负脉冲，S_0端接高电平，D_{SR}端依次送入111000101……

（2）观察并记录输出状态。

4. 用74HC194构成的顺序负脉冲产生器

（1）参照图3.54连接好电路，$DI_0DI_1DI_2DI_3$ 端接0111，CLK端接1kHz方波。

（2）用示波器观测并记录 CLK、Q_0、Q_1、Q_2、Q_3 的波形。

5. 选做实验内容

用两片4位双向移位寄存器74HC194扩展成8位双向移位寄存器，并设计一个带有标志位的7位串/并转换器。

（1）写出设计过程。

（2）画出逻辑电路图。

（3）按逻辑电路图连接电路，并验证设计是否正确。

五、实验设备与器件

序号	仪器或器件名称	型号或规格	数量
1	数字逻辑电路实验箱	DZX-1	1
2	双踪示波器	DS1052D	1
3	4位双向移位寄存器	74HC194	2
4	四2输入与非门	74HC00	1
5	二4输入与非门	74HC20	1

六、注意事项

(1) 检查电源、地线是否接触良好。

(2) 实验前，检查所用导线是否有断线或接触不良的情况。

(3) 不要带电拔插器件。

七、故障排查

(1) 如果实验出现故障，则使用实验台上的仪器、万用表进行测试，判断电的电源、时钟、电平输出是否正常、导线是否正常导通、插接是否完好。

(2) 如果环形计数器工作状态不循环，则可能是计数之前未设置好初始状态。

(3) 当数据串/并转换时，D_{SR}送入数据后才是有效的串行数据。

八、思考题

(1) 总结74HC194的清零、置数、左移、右移功能。要使74HC194清零，除了使用清零端外，还有什么方法？如何操作？

(2) 本实验的环形计数器可以自启动吗？论述环形计数器所存在的优势和缺陷。

(3) 设计左移的带有标志位的3位串/并行数据转换器。

(4) 如何实现并/串行数据转换？

(5) 用74HC194设计一个产生序列信号110010的序列信号产生器。

3.9　555定时器及其应用

一、实验目的

(1) 熟悉555定时器的内部结构和基本原理。

(2) 掌握555定时器的逻辑功能和使用方法。

(3) 掌握555定时器电路组成基本应用电路的方法。

二、实验原理

1. 555定时器工作原理

555定时器是一种集模拟、数字于一体的中规模集成电路，该电路使用灵活、方便，应用极为广泛。由555可以很方便地构成单稳态触发器电路、多谐振荡器等电路与施密特触发器，555定时器的内部电路图如图3.56所示。

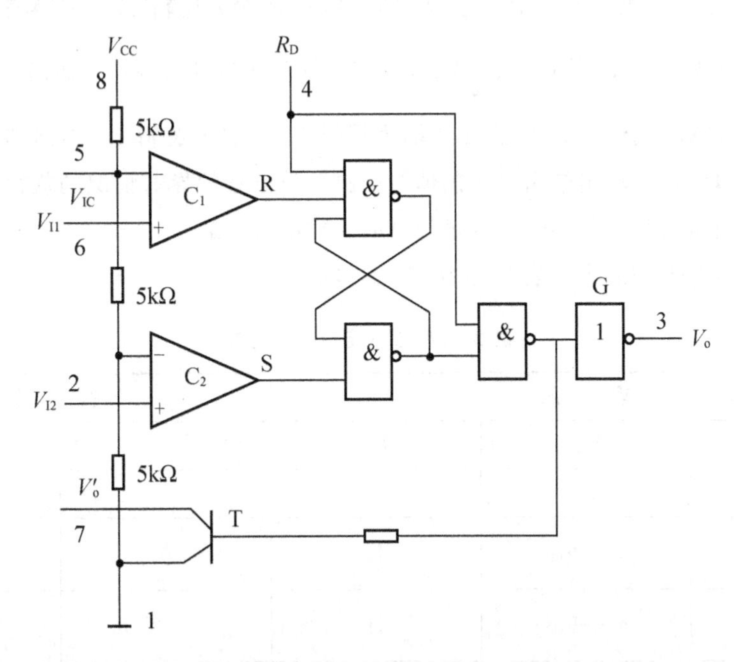

图3.56　555定时器内部电路图

从图3.56中可以看出，555定时器由3个5kΩ电阻构成分压电路，两个电压比较器C_1、C_2，RS锁存器、放电管T及缓冲器G构成。在8个引脚中，引脚2、4、5、6属于输入；引脚3、7属于输出；1、8属于电源控制端口；外界输入端口为引脚2、4、5、6。其中，引脚4功能为异步清零，即当引脚4接入低电平信号时可立即使输出端引脚3输出低电平。因此，在正常使用时，通常需要将引脚4接高电平输入。引脚5为控制电压输入端，若该引脚未接入其他电压源，则内部电压比较器 C_1 与 C_2 的基准电压为 $\frac{2}{3}V_{CC}$ 和 $\frac{1}{3}V_{CC}$；若引脚5外接电压 $\frac{v_{IC}}{2}$，则 C_1 与 C_2 的基准电压变为 $\frac{v_{IC}}{2}$ 和 $\frac{v_{IC}}{2}$。引脚2与引脚6的输入值决定了 C_1 与 C_2 比较后的 R、S 值，即对于 C_1，若引脚6输入值高于其基准电压值（若引脚5未接入外接电压源，则基准电压值为 $\frac{2}{3}V_{CC}$），则 C_1 输出低电平，对应的 R 值为0，反之 R 值为1；对于 C_2，若引脚2输入值高于其基准电压值（若引脚5未接入外接电压源，则基准电压值为 $\frac{1}{3}V_{CC}$），则 C_2 输出高电平，对应的 S 值为1，反之 S 值为0，即锁存器S、R端值决定了最终的输出值。也就是说，当 $V_{I1}>\frac{2}{3}V_{CC}$，$V_{I2}>\frac{1}{3}V_{CC}$ 时，比较器 C_1 输出低电平，比较器 C_2 输出高电平，对应于RS锁存器的R端为逻辑0，S端为逻辑1，放电管T导通，输出端 V_O 为0；当 $V_{I1}<\frac{2}{3}V_{CC}$，$V_{I2}<\frac{1}{3}V_{CC}$ 时，比较器 C_1 输出高电平，比较器 C_2 输出低电平，对应于RS锁存器的R端为逻辑1，S端为逻辑0，放电管T截止，输出端 V_O 为1；当 $V_{I1}<\frac{2}{3}V_{CC}$，$V_{I2}>\frac{1}{3}V_{CC}$ 时，比较器 C_1 输出高电平，比较器 C_2 输出高电平，对应于RS锁存器的R端为逻辑1，S端为逻辑1，输出端保持不变。通过以上分析可以看出，输出端引脚3的值与引脚7放电管的导通情况的规律如下：当输出为逻辑1时，放电管截止；当输出为逻辑0时，放电管导通。

总结555定时器功能表见表3-17（V_{IC} 悬空时）。

表3-17　555定时器功能表

输入			输出	
V_{I1}	V_{I2}	R_D	V_O	T
×	×	L	0	导通
$>\frac{2}{3}V_{CC}$	$>\frac{1}{3}V_{CC}$	H	0	导通
$<\frac{2}{3}V_{CC}$	$<\frac{1}{3}V_{CC}$	H	1	截止
$<\frac{2}{3}V_{CC}$	$>\frac{1}{3}V_{CC}$	H	保持	保持

555定时器引脚图如图3.57所示。

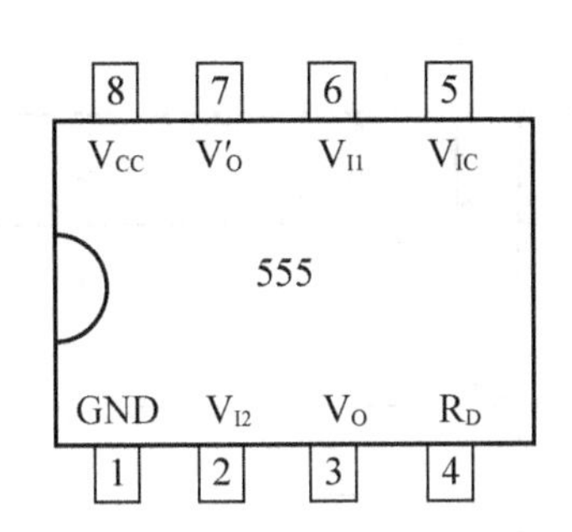

图 3.57 555 定时器引脚图

2. 555 定时器应用

1) 555 定时器构成单稳态触发器

由 555 定时器构成的单稳态触发器如图 3.58 所示，在接通电源瞬间，由于电容两端电压不能突变，因此电容 C 两端将维持 0 电位值，若此时外界从引脚 2 输入高电平信号，则通过电压比较器 C_1、C_2 输送到 RS 锁存器 S、R 端的值为 1，那么输出将维持 0 值，此时电路处于稳定状态；若某时刻外界通过引脚 2 输入一负脉冲信号，对应于 S、R 值为 0、1，则输出跳变为 1，放电管 T 截止，此时电源 V_{CC} 通过电阻 R 给电容充电，当电容充电到 $\frac{2}{3}V_{CC}$ 时，输出跳变为 0，放电管 T 导通，电容开始放电，当电容放完存储的电荷后，电路回到稳态。由以上分析可知，该电路功能为通过外接触发信号来产生一个单次、具有一定脉宽的矩形波信号。

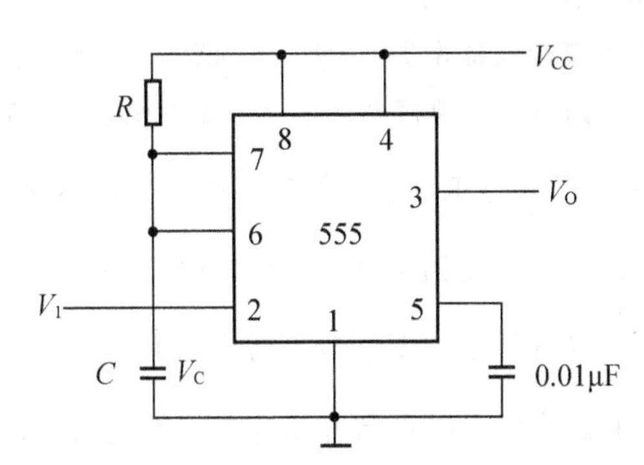

图 3.58 555 定时器构成单稳态触发器

暂稳态持续的时间 t_W（脉冲宽度）取决于外接原件 R、C 值的大小，表达式为

$$t_W \approx 1.1RC$$

通过改变 R、C 值的大小，可实现对脉冲宽度的调整。触发信号 V_I、电容上的电压信号 V_C 和输出信号 V_O 的波形如图 3.59 所示。

单稳态触发器分为可重复触发与不可重复触发两大类。判断原则为当第一次外界触发信号(即图 3.59 中 v_I 中的第一个负向脉冲)引发电容 C 的充电，若无外界输入干扰则电容

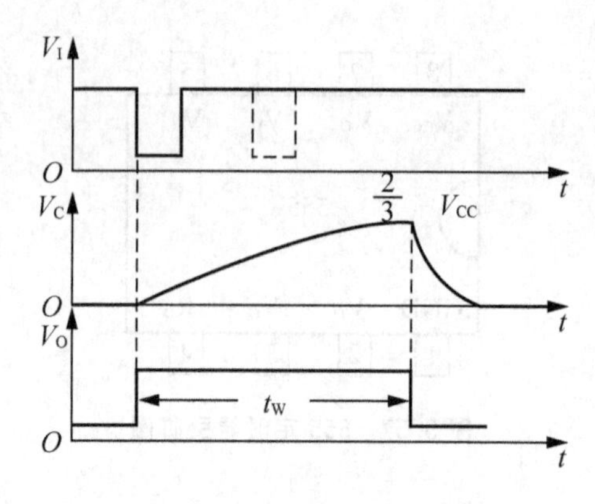

图 3.59 单稳态触发器的波形图

C 应充电到 $\frac{2}{3}V_{CC}$ 然后进行放电，若在电容未充到 $\frac{2}{3}V_{CC}$ 时，输入端再次引入触发信号(即图 3.59 中 V_I 中的第二个负向脉冲)，若电容立即放电并重新进行充电，则属于可重复触发的单稳态触发器，若电容并未响应此次的触发，继续按照之前的进程充电，则属于不可重复触发的单稳态触发器。图 3.58 构成的是不可重复触发的单稳态触发器。当输入端第二次进行触发时，此时电容尚未充电到 $\frac{2}{3}V_{CC}$，V_I 此时突变为逻辑 0，则对应的内部的 SR 锁存器中的 R 端与 S 端的值分别为 1、1，那么输出继续保持高电平状态，放电管 7 继续截止，电容 C 继续进行充电，则此次的触发对整个电路无影响，因此该电路为不可重复触发的单稳态触发器。

2）555 定时器构成多谐振荡器电路

由 555 定时器构成的多谐振荡器电路如图 3.60 所示。接通电源，此时引脚 2 与引脚 6 为输入低电平状态，对应于内部 RS 锁存器的 S、R 端的值为 0、1，因此 555 输出端为 1，放电管 T 截止，电源经过电阻 R_1、R_2 向电容 C 充电。当电容充到 $\frac{2}{3}V_{CC}$ 时，对应于 RS 锁存器的 S、R 端的值为 1、0，输出跳变为 0，放电管 T 导通，电容通过电阻 R_2 开始放电，当放电导致电容电位下降到低于 $\frac{1}{3}V_{CC}$ 时，对应于 RS 锁存器的 S、R 端的值为 0、1，则输出跳变为 1，放电管 T 截止，电容再次开始充电。如此反复，形成振荡电路。

振荡周期公式为

$$T = t_{PL} + t_{PH} \approx 0.7R_2C + 0.7(R_1 + R_2)C \approx 0.7(R_1 + 2R_2)C$$

在此公式中要注意电容充电与放电回路中的电阻值，t_{PL} 是电容放电过程，放电回路中经过的电阻为 R_2；t_{PH} 是电容充电过程，充电回路中经过电阻 R_1 和 R_2。多谐振荡器的波形图如图 3.61 所示。

多谐振荡器的特点是不需外界激发，能够自发的产生连续的矩形波，因此可以根据多谐振荡器的振荡周期公式，合理调整占空比，使之产生可以在时序逻辑电路中使用的连续的时钟信号。

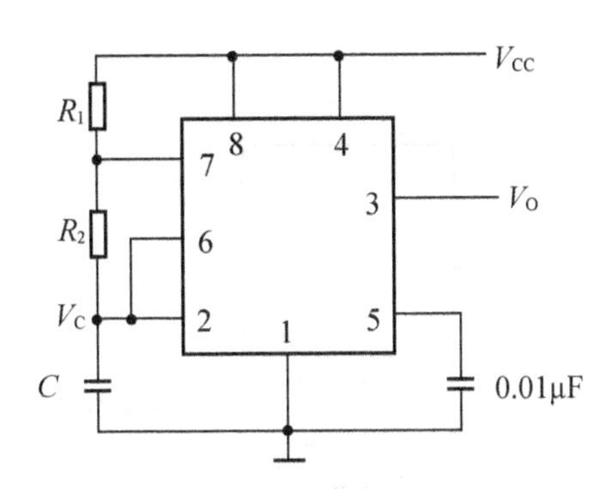

图 3.60　555 定时器构成多谐振荡器图

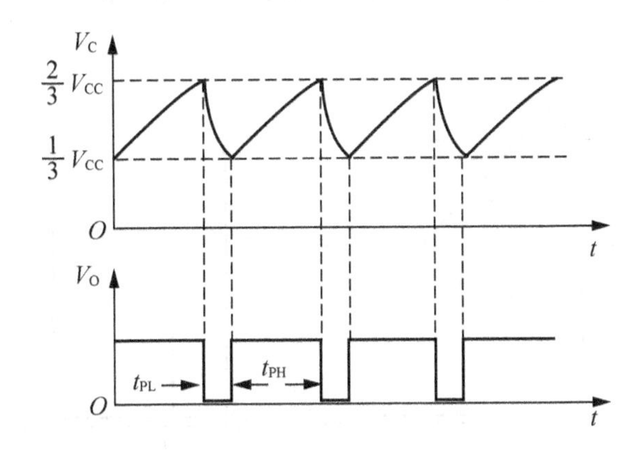

图 3.61　多谐振荡器的波形图

3）构成施密特触发器

将 555 定时器的 2 端口与 6 端口连接在一起，便构成了施密特触发器，如图 3.62 所示。假定输入信号如图 3.63(a)所示，则当输入信号逐渐增大刚刚超过 V_{T^-} $\left(\frac{1}{3}V_{CC}\right)$时，555 内部触发器对应的 R、S 值为 0、1，则对应的输出端输出为 0，输出无跳变。当输入信号继续增加，增加到刚刚越过 V_{T^+} $\left(\frac{2}{3}V_{CC}\right)$时，555 内部触发器对应的 R、S 值为 1、0，则对应的输出端输出为 1，输出发生跳变。当输入信号从高点逐渐减少时，当刚刚低于 V_{T^+} $\left(\frac{2}{3}V_{CC}\right)$时，输入信号继续减少，当输入信号电压减少到低于 V_{T^-} $\left(\frac{1}{3}V_{CC}\right)$时，555 内部触发器对应的 R、S 值为 0、1，则对应的输出端输出为 0，输出发生跳变。

从以上介绍的施密特触发器功能看，其与前面介绍的两种触发器有所不同，施密特触发器属于电平触发，对于缓慢变化的信号仍然适用，当输入信号达到某一定电压值时，输出电压会发生改变，即当输入信号逐渐增加或逐渐减少时，电路会按照不同的阈值电压进行跳变，也就是说施密特触发器内部含有两个阈值，输入信号增加或减少会按照不同的阈值进行跳变。施密特触发器的功能是将非矩形波转换为矩形波。例如，当输入图 3.63(a)所示的波形时，则从施密特触发器的 V_o 端可得到矩形波输出。图 3.63(b)为其传输特性曲线。

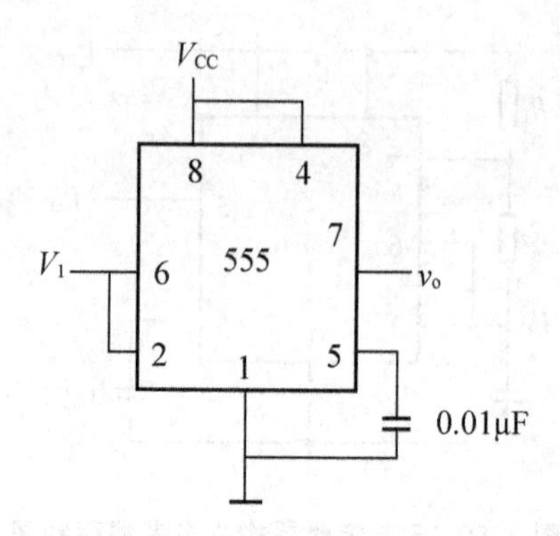

图 3.62　555 定时器构成的施密特触发器

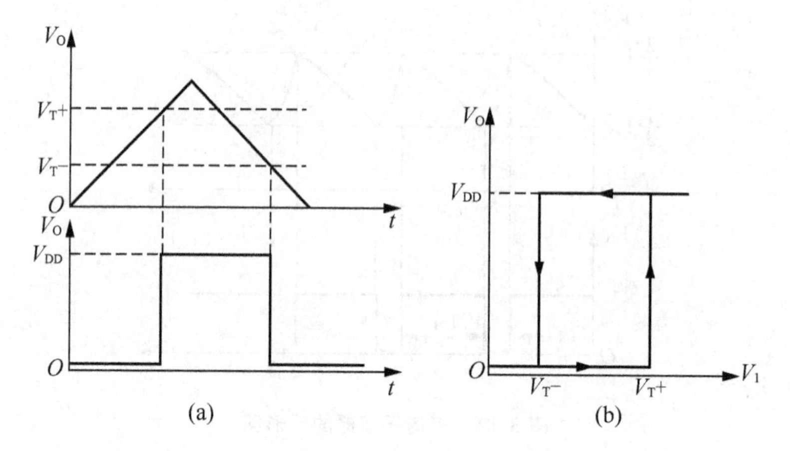

图 3.63　施密特触发器的工作波形及电压传输特性曲线

三、预习要求

（1）复习 555 定时器的工作原理及其应用。

（2）复习单稳态触发器及多谐振荡器工作原理。

（3）拟定试验中所需的数据、波形表格。

（4）拟定各个实验方案及步骤。

四、实验内容及要求

1. 555 构成的单稳态触发器

（1）试利用 555 设计一个单稳态电路，图 3.58 为参考方案，其中 $R = 1\text{k}\Omega, C = 0.1\mu\text{F}$，试将 V_I 接入 1kHz 矩形波信号，用示波器双踪观察 V_I、V_O 及 V_C 的波形，在同一坐标下绘制出 V_I、V_O、V_C 的波形，并测量输出脉冲宽度 t_W 值。

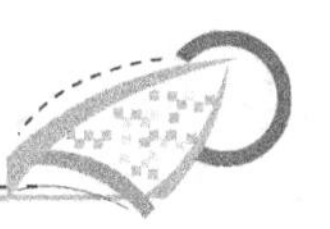

（2）调整输入信号 V_I 的频率，分析并记录观察到的输出端波形的变化。

（3）改变 R、C 的值，观察并记录对 V_C 及 V_O 波形的影响。

2. 555 构成的多谐振荡器

（1）试用 555 设计一个多谐振荡器，图 3.60 为一个参考方案，其中 $R_1 = 1\text{k}\Omega$、$R_2 = 1\text{k}\Omega$，$C = 0.1\mu\text{F}$，利用示波器双踪观察 V_O 与 V_C 的波形，在同一坐标下绘制出 V_O、V_C 的波形，测量并记录输出波形的周期值。

（2）改变 R_1、R_2 的值，用示波器观察记录 V_O、V_C 波形。分析 R、C 值的改变对输出波形及周期的影响。

3. 选做实验内容

用 555 定时器构成一个单稳态触发器，要求输出波形的周期为 10μs，试设计出电路图并计算出各参数值，搭建电路利用示波器进行测量，并分析误差原因。

五、实验仪器与器件

序号	仪器或器件名称	型号或规格	数量
1	数字逻辑电路实验箱	DZX-1	1
2	数字示波器	DS1052D	1
3	555 定时器	NE555	1
4	电阻	根据需要	若干
5	电容	根据需要	若干

六、注意事项

（1）按照电路图搭建电路，注意不要带电操作。

（2）根据计算选择合适的电阻值与电容值，注意：不同的电阻与电容值会对输出波形有影响。

（3）实验中选择与放电端连接的电阻值不能太小；否则，当放电管导通时，灌入放电管的电流太大，会损坏放电管。

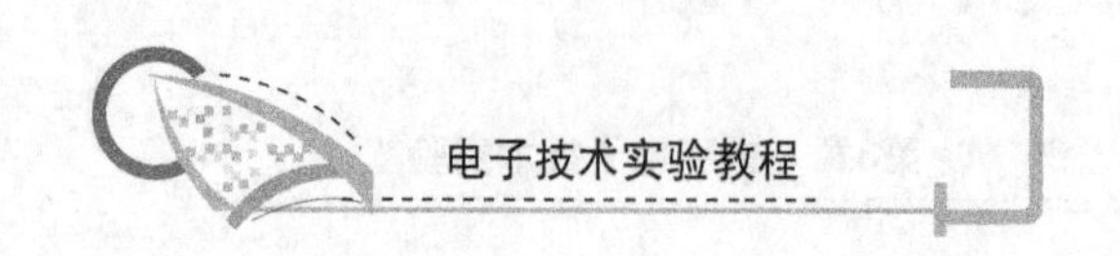

七、故障排查

555 电路中常见的故障现象及原因如下。

故障现象：单稳态电路 V_O 波形和 V_C 波形显示不正确。

原因 1：示波器使用不正确。

解决：学会正确使用示波器。

原因 2：单稳态电路的输入信号 V_i 不满足要求。

解决：调整输入信号 V_I，使 V_I 的周期 T 必须大于 V_O 的脉宽 t_W，并且低电平的宽度要小于 V_O 的脉宽 t_W，否则电路不能正常工作。

八、思考题

（1）引脚 5 所接电容的功能是什么？

（2）如何实现方波的输出？

（3）如何调整 555 定时电路多谐振荡器波形的占空比？

（4）如何将不可重复触发的单稳态触发器改为可重复触发的单稳态触发器？

3.10　集成定时器的应用设计

一、实验目的

（1）进一步掌握 555 定时器的原理和功能。

（2）掌握 555 集成定时器的应用、设计及调试方法。

二、实验原理

555 集成定时器有 TTL 和 CMOS 两种类型。TTL 的型号为 555，工作电源电压范围为 4.5～16V，输出电流可达 200mA，驱动能力较强。CMOS 的型号为 7555，工作电源电压范围为 3～18V，功耗低、输入阻抗大。其引脚图如图 3.64 所示。555 集成定时器除了可构成常见的脉冲波形产生与变换电路，还在家用电器、电子玩具、测量与控制等领域有着广泛的应用。

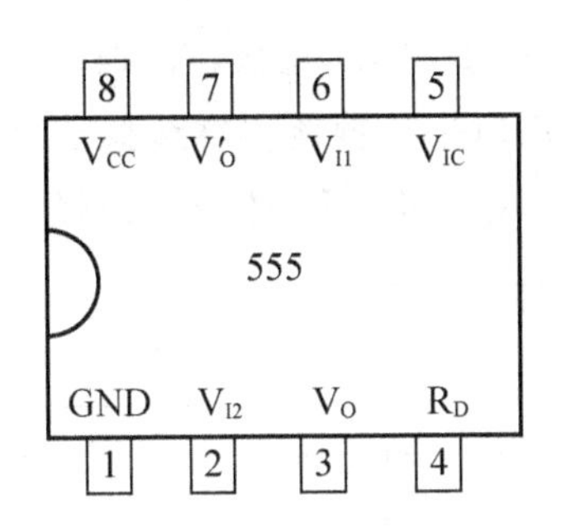

图 3.64 555 定时器引脚图

1. 模拟声响电路

模拟声响电路如图 3.65 所示，两个 555 定时器Ⅰ、Ⅱ都组成了多谐振荡器，调节定时元件，使Ⅰ输出较低频率($f_1=1\text{Hz}$)，Ⅱ输出较高频率($f_2=500\text{Hz}$)。Ⅰ的输出经电阻接Ⅱ的电压控制端 V_{IC}，555 定时器内部比较电压为 V_{IC}、$\frac{1}{2}V_{IC}$。当Ⅰ输出高电平时，Ⅱ充放电慢，输出的脉冲波形频率较小；当Ⅰ输出低电平时，Ⅱ充放电快，Ⅱ输出的脉冲波形频率较大，使电路能按一定规律发出两种不同的声音。

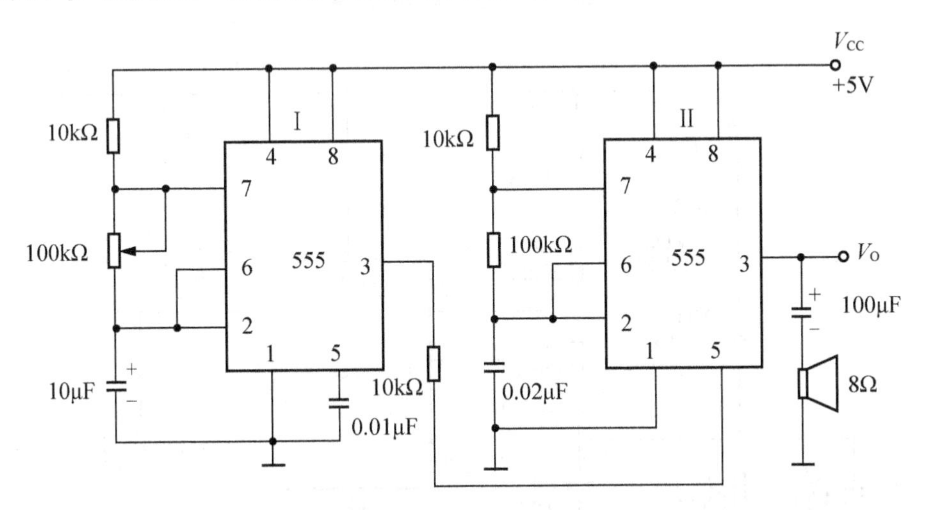

图 3.65 模拟声响电路

如果Ⅰ的输出接Ⅱ的 4 脚，当Ⅰ的输出为高电平时Ⅱ振荡，当Ⅰ的输出为低电平时Ⅱ复位，停止震荡。可模拟报警声，如图 3.66 所示。

2. 叮咚门铃

叮咚门铃电路如图 3.67 所示，555 定时器组成了多谐振荡器，555 的复位端 $\overline{R}_D$(4 脚)通过 R_1 接地，振荡器处于复位状态，扬音器不发声。按下按钮 SB 后，电源 V_{CC} 通过二极管 VD1 向电容 C_1 充电，充电到 V_{C1} 达到高电平时，复位端 $\overline{R}_D$ 为高电平，振荡器开始工作，发出声音。因按钮 SB 通过 VD2 将 R_2 短接，故振荡频率较高，发出“叮”声。松开按钮 SB，C_1 上的电压维持 4 脚高电平，振荡器继续振荡，此时 R_2 已被串接入定时电路，所以振荡频率较前变低，发出“咚”声。同时，C_1 通过 R_1 放电，当 C_1 上的电荷放完，$\overline{R}_D=0$，振荡器停止工作，扬声器发声结束。

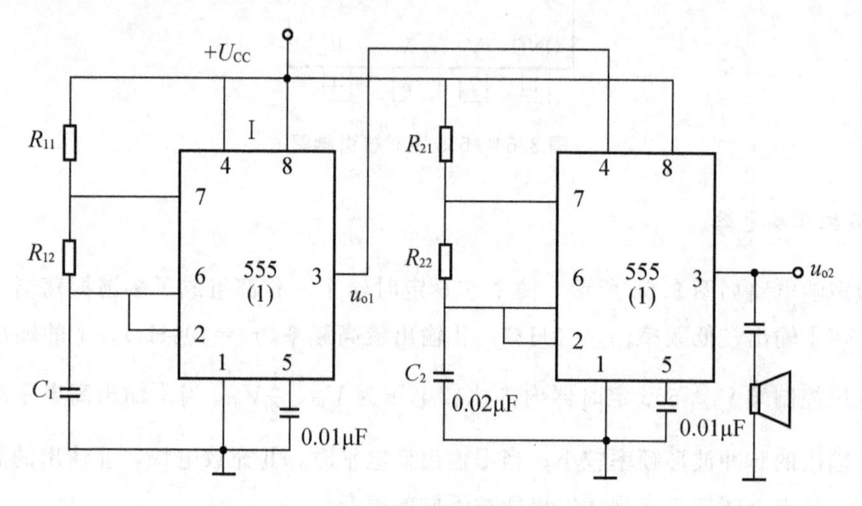

图 3.66　模拟报警声电路

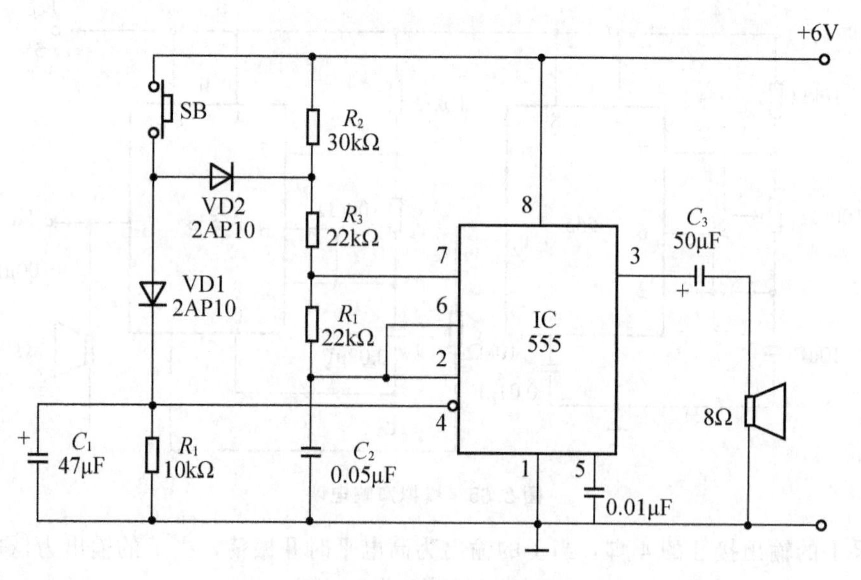

图 3.67　叮咚门铃电路

3. 触摸定时开关

触摸定时开关如图 3.68 所示，555 集成定时器接成了单稳态触发器。当未触摸金属片 P 时，电容 C_1 通过 7 脚放电，555 输出低电平，继电器 KS 释放，电灯不亮；当需要开灯时，触摸一下金属片 P，人体感应杂波信号电压由 C_2 加至 555 的触发端，使 555 的输出由低电平跳变成高电平，继电器 KS 吸合，电灯点亮，同时电源通过 R_1 对 C_1 充电，开始定时；当 C_1 充电到 $\frac{2}{3}V_{CC}$ 时，C_1 通过 7 脚开始放电，3 脚由高电平变回到低电平，继电器释放，电灯熄灭，定时结束。

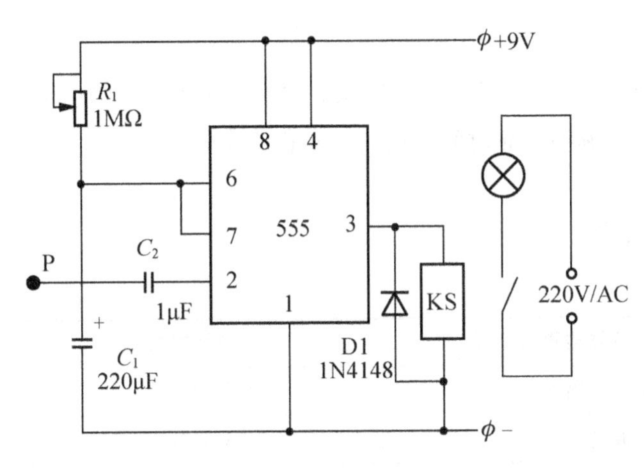

图 3.68　触摸定时开关

三、预习要求

(1) 拟定实验方案及步骤。

(2) 根据实验内容要求，设计各电路，并根据给定的器件画出实验电路图。

(3) 绘制实验中所需记录数据的表格。

四、实验内容及要求

1. 设计模拟声响电路

(1) 参照图 3.65 分别连接好两个多谐振荡器，测试并记录Ⅰ、Ⅱ的引脚 2、3 的波形。

(2) 连接Ⅰ的引脚 3 经电阻到Ⅱ的引脚 5，再测试并记录Ⅰ、Ⅱ的输出波形。

(3) Ⅱ的输出经电容接实验台上的扬声器，调整电阻电容的大小试听音响效果，使达到满意的效果。

(4) 参照图 3.66 连接好电路，测试并记录Ⅰ、Ⅱ的输出波形。调整电阻电容的大小试听音响效果，使达到满意的效果。

2. 叮咚门铃

(1) 参照图 3.67 连接好电路，SB 接实验台上的按钮，输出经电容 C_3 接实验台上 8Ω

的扬声器。

(2) 按下按钮SB，改变电源电压(3～12V)、R_4 的大小，监听扬声器声音变化，使达到满意的效果。

3. 触摸定时开关

(1) 参照图3.68连接好电路，输入接实验台触摸金属片，输出接实验台上的继电器。

(2) 改变 R_1、C_1 调整灯亮时间，使达到满意的效果。

五、实验设备与器件

序号	仪器或器件名称	型号或规格	数量
1	数字逻辑电路实验箱	DZX-1	1
2	双踪示波器	DS1052D	1
3	555集成双定时器	NE556	1
4	二极管	2AP10	2
5	二极管	1N4148	1
6	电阻、电容	根据需要	若干

六、注意事项

(1) 检查电源、地线是否接触良好。

(2) 实验前，检查所用导线是否有断线或接触不良情况。

(3) 不要带电拔插器件。

(4) 模拟声响电路先分别连接好两个多谐振荡器，测试引脚2、3的波形均正常，再连接Ⅰ的引脚3经电阻到Ⅱ的引脚5。

(5) 叮咚门铃电路先调试多谐振荡器正常工作，再将输出经电容 C_3 接实验台上8Ω的扬声器，然后进行声音调试。

(6) 触摸定时开关电路先检查单稳态电路是否正常工作，然后调整电阻 R_1 的大小(10kΩ～1MΩ)，调节灯亮的时间。

七、故障排查

(1) 如果实验出现故障，则使用实验台上的仪器、万用表进行测试，判断电的电源、

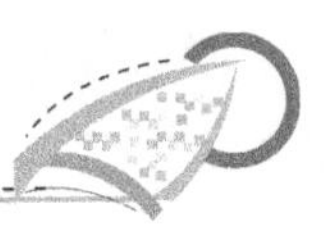

时钟、电平输出是否正常、导线是否正常导通、插接是否完好。

（2）模拟声响电路不能正常工作，应该先调试两级多谐振荡器正常工作，并且Ⅰ的振荡频率较小（$f_1=1\text{Hz}$），Ⅱ的振荡频率较大（$f_2=500\text{Hz}$）。然后再连接Ⅰ的引脚3经电阻到Ⅱ的引脚5、Ⅱ的输出经电容接实验台上的扬声器。调整 f_1 的大小，可改变声响时间；调整Ⅰ的引脚3到Ⅱ的引脚5之间的电阻大小或Ⅱ的电阻电容大小，可改变声响大小。

（3）叮咚门铃电路不能工作，应该先调试多谐振荡器正常工作后，再连接输出经电容 C_3 到实验台上的8Ω扬声器，然后进行声音调试。

（4）触摸定时开关不能工作，应该先调试单稳态电路正常工作后，再将输出接到实验台的继电器，然后进行亮灯时间的调试。

八、思考题

（1）在选用555定时器时主要应考虑哪些技术指标？

（2）555定时器的引脚5 V_{IC} 为电压控制端，当悬空时，触发电平分别为多少？当接固定电平 V_{CO} 时，触发电平分别为多少？

（3）分析各电路的工作原理。

（4）分析改变电阻电容值，对电路的影响。

3.11 智力抢答器装置的设计

一、实验目的

（1）掌握D触发器、分频电路、多谐振荡器、CP时钟脉冲源等单元电路的综合运用。

（2）熟悉智力抢答装置的原理。

（3）掌握用中小规模集成电路设计数字系统的基本方法。

（4）培养对立分析故障及排除故障的能力。

二、实验原理

1. 智力抢答器装置的工作原理

当进行智力竞赛时，需要反应及时准确、显示清楚方便的定时抢答装置。本实验模拟完成4人智力抢答器。其应具有以下功能。

(1) 每个参赛者控制一个按键，按动按键发出抢答信号。

(2) 竞赛主持人另有一个按键，用于将抢答信号复位。

(3) 当竞赛开始后，先按动按键者抢答成功，同时封锁另外 3 路按键。

(4) 当抢答成功后，使对应的发光二极管点亮。

根据上述设计要求，该装置的原理框图如图 3.69 所示。该电路中由选手和主持人各控制一组按键。选手通过选手按键电路发出抢答信号，先按动者，抢答成功，保持与封锁电路将该信息保持下来，同时封锁其他选手的输入。抢答成功后对应位置的指示灯点亮。提示选手位置。当需进行下一题抢答时，主持人需按下主持人按键电路的按键，此时电路发出复位信息将保持与封锁电路中的各路输出清零，所有选手才可进行下一次抢答。

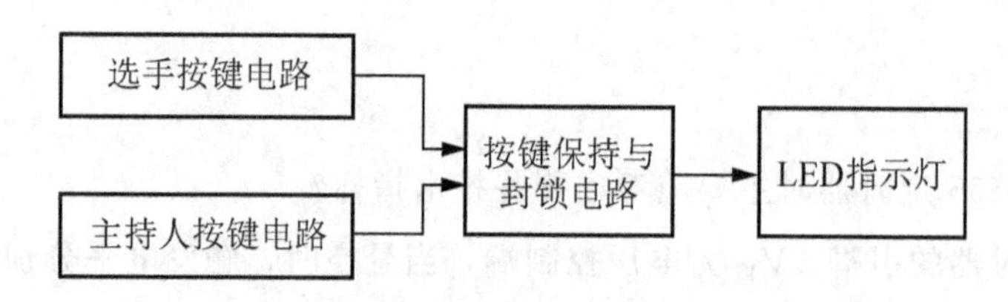

图 3.69　智力抢答器的原理框图

图 3.70 为根据上述原理框图完成的一种 4 人用智力抢答装置线路，用以判断抢答优先权。

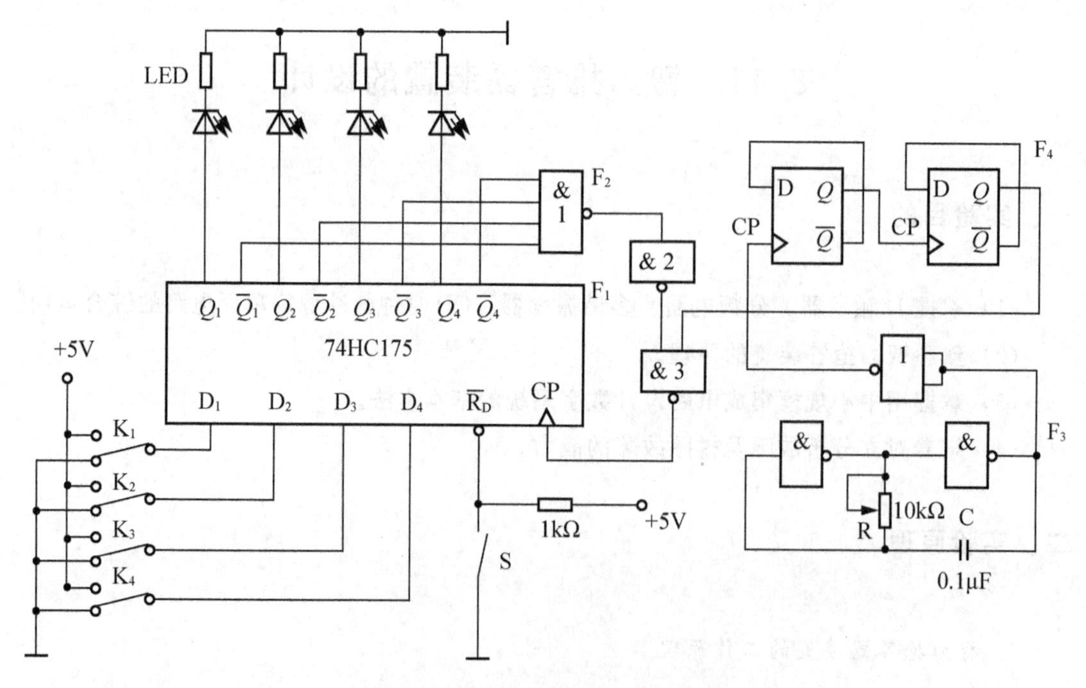

图 3.70　四人用智力抢答装置线路

图 3.70 中选手的按键电路部分由 $K_1 \sim K_4$ 这 4 个常闭按键组成，当无抢答信号时，传

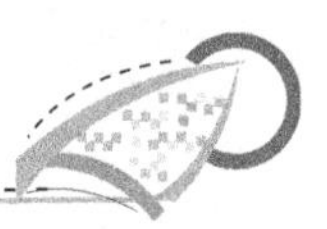

送到74HC175的D输入端的信号为0，当抢答开始时，某个按键被按下，则传送到相应D端口的值为1；主持人按键电路由开关S完成，由S的开、闭来控制抢答的进行与否。F_1部分为四D触发器74HC175，它具有公共置0端和公共CP端，引脚排列如图3.71所示。由它来完成对抢答信号的接收与保持功能，当抢答开始时，某个D端接收到1信号后，会立即使相应的Q端置1，同时点亮相应的发光二极管，提示主持人。F_2部分完成对抢答信号的封锁功能，由1个双4输入与非门74HC20完成功能，74HC20将74HC175的4个$\overline{Q}$端作为其输入信号，并将输出接入到74HC175的CP输入端。当未有抢答信号进入74HC175时，$\overline{Q}$端输出1；当抢答开始时，某位选手发出抢答信号时，则对应的$\overline{Q}$端输出为0，此时0信号将对74HC20的输出进行封锁，从而使CP再无法产生上升沿，因此即使此后再有其余选手发出抢答信号也无法再使对应的Q端输出1，也无法点亮其对应的发光二极管，达到封锁其余信号的目的。F_3部分用来产生脉冲控制信号，是由74HC00组成的多谐振荡器；F_4是由74HC74组成的四分频电路。F_3和F_4共同组成了抢答电路中的CP时钟脉冲源。

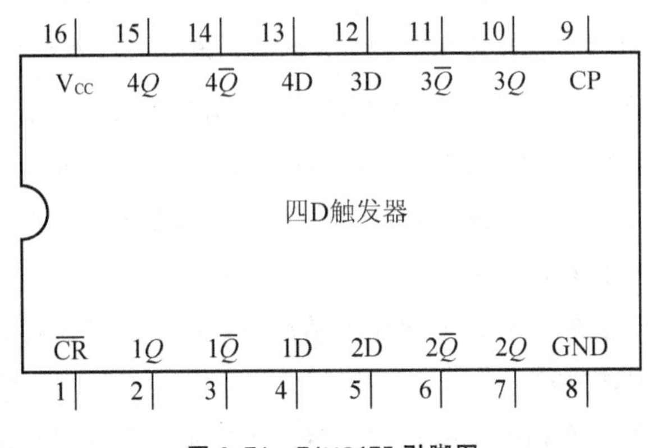

图3.71　74HC175引脚图

当抢答开始时，由主持人发出清除信号，即按下复位开关S，74HC175的输出Q_1～Q_4全为0，所有发光二极管LED均熄灭，当主持人宣布“抢答开始”后，首先做出判断的参赛者立即按下其对应的开关，对应的发光二极管被点亮，同时，通过与非门F_2送出信号锁住其他3个抢答者的电路，不再接收其他信号，直到主持人再次按下按键清除信号为止。

三、预习要求

（1）复习相关内容。

（2）拟定各个实验方案及步骤。

四、实验内容及要求

(1) 测试各触发器及各逻辑门的逻辑功能，判断器件的好坏。

(2) 设计出抢答器电路图，可参考图 3.69 所示的电路。

(3) 断开抢答器电路中 CP 脉冲源电路，单独对多谐振荡器及分频电路进行调试，调整多谐振荡器 10kΩ 电位器，使其输出脉冲频率约为 4kHz，观察多谐振荡器及分频电路输出波形及测试其频率。

(4) 测试抢答器电路功能。当抢答开始时，首先按下复位键 S，则 $Q_0 \sim Q_3$ 均为 0，所有二极管均熄灭。当开始抢答时，最先将开关拨至高电平者，对应的发光二极管点亮；同时，通过与非门 F_2 送出信号封锁其余 3 个抢答者的电路，不再接受其余 3 路的信号，直到再次按下 S 键清零为止。

① 接通电源，CP 端接实验台上的 1kHz 的连续脉冲源。抢答开始前，开关 K_1、K_2、K_3、K_4 均置 0，准备抢答。将开关 S 置“0”，此时，发光二极管全熄灭，再将 S 置“1”。当抢答开始后，K_1、K_2、K_3、K_4 某一开关置“1”，观察发光二极管的亮灭情况；再将其他 3 个开关中的任何一个置“1”，观察对应的发光二极管的亮灭情况。

② 先将某一开关置“1”，再拨动另一开关置“1”观察 LED 的亮灭情况。

③ 反复测试，观察抢答器的工作情况。

④ 整体测试：断开实验台装置上的连续脉冲源，将由多谐振荡器和分频电路形成的脉冲源接入电路中，测试性能。

(5) 选做实验内容。若在图 3.70 所示的电路中增加一个计时功能，要求计时电路显示时间精确到秒，最多限制为 1min，一旦超出限时，则取消抢答权，在此情况下电路如何改进？列写出设计思路。

五、实验设备与器件

序号	仪器或器件名称	型号或规格	数量
1	数字逻辑电路实验箱	DZX-1	1
2	数字示波器	DS1052D	1
3	四 D 触发器	74HC175 或用 74HC74	1
4	二 4 输入与非门	74HC20	若干
5	四 2 输入与非门	74HC00	若干

六、注意事项

（1）按照电路图搭建电路，注意不要带电操作。

（2）根据计算选择合适的电阻值与电容值。

七、思考题

（1）若发光二极管 LED 改为共阳极接法，则电路应如何改动？试说明原因。

（2）如果有两个按键同时按下，有两个灯同时亮，则可能是什么原因？如何解决。

3.12　电子秒表的设计

一、实验目的

（1）培养计数器、多谐振荡器、CP 时钟脉冲源等单元电路的综合运用能力。

（2）熟悉电子钟的工作原理。

（3）掌握用中小规模集成电路设计数字系统的基本方法。

（4）培养对立分析故障及排除故障的能力。

二、实验原理

电子秒表是一种简单的计时器，它具有计秒、保持和清零的功能，其原理框图如图 3.72 所示。它由秒脉冲信号产生电路、清零电路、开关控制电路、计数及译码电路构成。下面将介绍各部分组成及工作原理。

1. 开关控制电路

在电子秒表电路中需要能够方便地控制秒表电路的启动计时和停止，因此单独设计出开关控制电路如图 3.73 中的单元Ⅰ所示，用集成与非门构成的 RS 锁存器属低电平直接触发的锁存器，有直接置位、复位功能。

它的一路输出 $\overline{Q}$ 作为单稳态触发器的输入，另一路输出 Q 作为与非门 5 的输入控制信号。

按动按键开关 K_2（接地），则门 1 输出 $\overline{Q}=1$；门 2 输出 $Q=0$，K_2 复位后 Q、$\overline{Q}$状态保

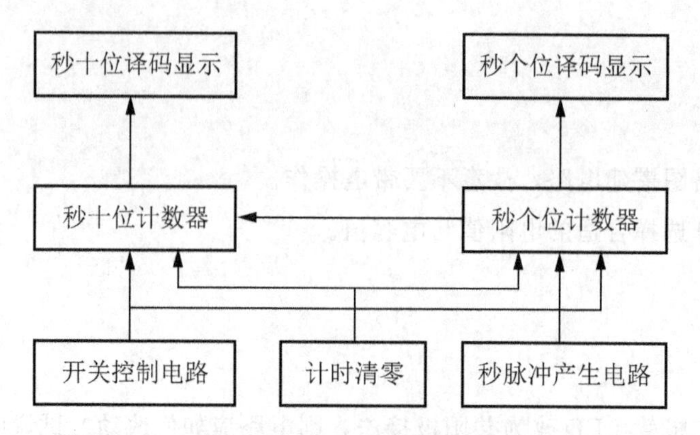

图 3.72 电子秒表原理框图

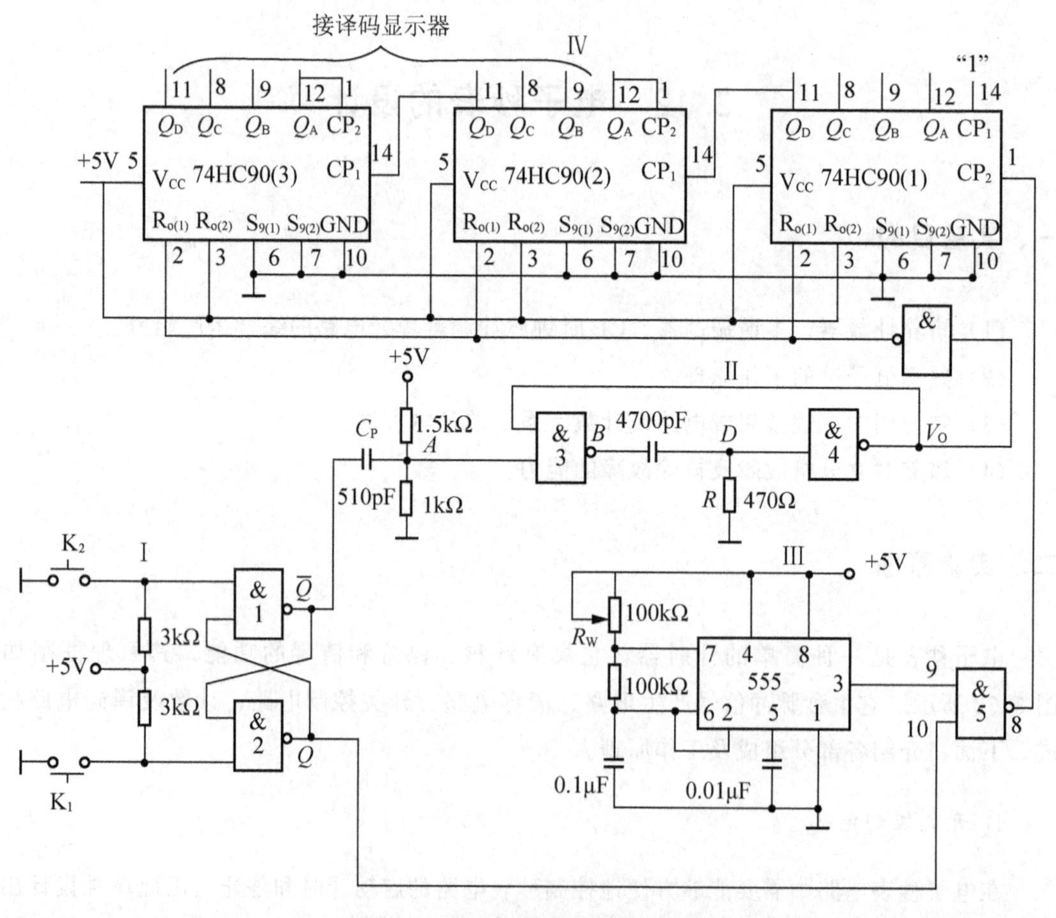

图 3.73 电子秒表参考逻辑电路

持不变。再按动按键开关 K_1，则 Q 由 0 变 1，门 5 开启，为计数器启动做好准备。$\overline{Q}$ 由 1 变 0，送出负脉冲，启动单稳态触发器。

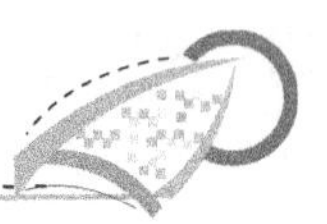

2. 清零电路

在图 3.73 中，单元Ⅱ为用集成与非门构成的微分型单稳态触发器。

单稳态触发器的输入触发负脉冲信号 V_i 由 RS 锁存器 $\overline{Q}$ 端提供，输出负脉冲 V_O 通过与非门加到计数器的清除端 R。

静态时，门 4 应处于截止状态，故电阻 R 必须小于门的关门电阻 R_{off}。定时元件 RC 的取值不同，输出的脉冲宽度也不同。当触发脉冲宽度小于输出脉冲宽度时，可以省去输入微分电路的 R_P 和 C_P。

单稳态触发器在电子秒表电路中的职能是为计数器提供清零信号，从而完成对整个电路的清零操作。

3. 秒脉冲产生电路

秒脉冲信号的产生有多种方式，现介绍利用 555 定时器来产生秒脉冲信号方法。图 3.73 中的单元Ⅲ是由 555 定时器构成的多谐振荡器来产生秒脉冲信号，是一种性能较好的时钟源。

调节电位器 R_W，使在输出端 3 获得频率为 50Hz 的矩形波信号，当基本 RS 触发器 $Q=1$ 时，门 5 开启，此时 50Hz 脉冲信号通过门 5 作为计数脉冲加于计数器的计数输入端 CP_2。

4. 计数及译码显示电路

74HC90 构成电子秒表的计数单元，如图 3.73 中的单元Ⅳ所示。其中，计数器 1 接成五进制形式，对频率为 50Hz 的时钟脉冲进行五分频，在输出端 Q_D 取得周期为 0.1s 的矩形脉冲，作为计数器 2 的时钟输入。计数器 2 及计数器 3 接成 8421 码十进制形式，其输出端与实验装置上译码显示单元相应输入端连接，可显示 0.1～0.9s，1～9.9s 计时。

注意：集成异步计数器 74HC90。

74HC90 是异步二-五-十进制加法计数器，它既可以作二进制加法计数器，又可以作五进制和十进制加法计数器。

图 3.74 所示为 74HC90 引脚图，表 3-18 为其功能表。

通过不同的连接方式，74HC90 可以实现 4 种不同的逻辑功能；而且还可借助 $R_{o(1)}$、$R_{o(2)}$ 对计数器清零，借助 $S_{9(1)}$、$S_{9(2)}$ 将计数器置 9。其具体功详述如下。

(1) 计数脉冲从 CP_1 输入，Q_A 作为输出端，为二进制计数器。

(2) 计数脉冲从 CP_2 输入，$Q_DQ_CQ_BQ_A$ 作为输出端，为异步五进制加法计数器。

(3) 若将 CP_2 和 Q_A 相连，计数脉冲由 CP_1 输入，$Q_DQ_CQ_BQ_A$ 作为输出端，则构成异步 8421 码十进制加法计数器。

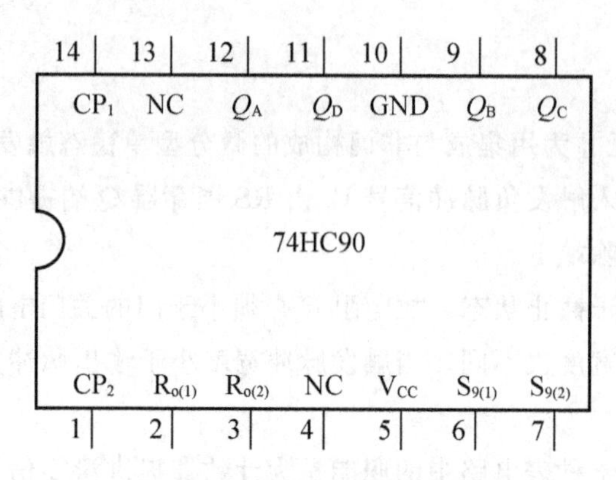

图 3.74 74HC90 引脚图

表 3-18 74HC90 功能表

输入						输出	功能
清 0		置 9		时钟		Q_D Q_C Q_B Q_A	
$R_{o(1)}$、$R_{o(2)}$		$S_{9(1)}$、$S_{9(2)}$		CP_1	CP_2		
1	1	0 ×	× 0	×	×	0 0 0 0	清 0
0 ×	× 0	1	1	×	×	1 0 0 1	置 9
0 ×	× 0	0 ×	× 0	↓	1	Q_A 输出	二进制计数
0 ×	× 0	0 ×	× 0	1	↓	Q_D Q_C Q_B 输出	五进制计数
0 ×	× 0	0 ×	× 0	↓	Q_A	Q_D Q_C Q_B Q_A 输出 8421BCD 码	十进制计数
0 ×	× 0	0 ×	× 0	Q_D	↓	Q_D Q_C Q_B Q_A 输出 5421BCD 码	十进制计数
0 ×	× 0	0 ×	× 0	1	1	不变	保持

（4）若将 CP_1 与 Q_D 相连，计数脉冲由 CP_2 输入，$Q_AQ_DQ_CQ_B$ 作为输出端，则构成异步 5421 码十进制加法计数器。

清零、置 9 功能：

（1）异步清零：当 $R_{o(1)}$、$R_{o(2)}$ 均为“1”；$S_{9(1)}$、$S_{9(2)}$ 中有“0”时，实现异步清零功能，即 $Q_DQ_CQ_BQ_A$=0000。

（2）置 9 功能：当 $S_{9(1)}$、$S_{9(2)}$ 均为“1”；$R_{o(1)}$、$R_{o(2)}$ 中有“0”时，实现置 9 功能，即 $Q_DQ_CQ_BQ_A$=1001。

三、预习要求

（1）复习数字电路中 RS 触发器、单稳态触发器、时钟发生器及计数器等部分内容。

(2) 列出电子秒表单元电路的测试表格。

(3) 列出调试电子秒表的步骤。

四、实验内容及要求

由于实验电路中使用器件较多，故实验前必须合理安排各器件在实验装置上的位置，使电路逻辑清楚，接线较短。

实验时，应按照实验任务的次序，将各单元电路逐个进行接线和调试，即分别测试 *RS* 锁存器、单稳态触发器、秒脉冲产生电路及计数器的逻辑功能，待各单元电路工作正常后，再将有关电路连接起来进行调试，直到测试电子秒表整个电路的功能。

这样的测试方法有利于检查和故障排除，保证实验顺利进行。

1. RS 锁存器的测试

分别给 R、S 端输入 0、1 信号，测试输出端 Q 的值，并记录，与 RS 锁存器的功能表进行比照。

2. 单稳态触发器的测试

(1) 静态测试：用主流数字电压表测量 A、B、D、F 各点电位值，并记录。

(2) 动态测试：输入端接 1kHz 连续矩形波，用示波器观察并描绘 D 点(V_D)及 F 点(V_O)波形，如嫌单稳态输出的脉冲持续时间太短，难以观察，可以适当加大微分电容 C(如改为 0.1μF)待测试完毕，再恢复 4700pF。

3. 秒脉冲信号产生电路

用示波器观察输出电压波形并测量其频率，调节 R_W，使输出矩形波频率为 50Hz。

4. 计数器的测试

(1) 计数器 1 接成五进制形式，$R_{o(1)}$、$R_{o(2)}$、S_9(2)端接逻辑开关输出插口，CP_2 端接单次脉冲源，CP_1 端接高电平“1”，$Q_D \sim Q_A$ 端接实验设备上译码显示输入端口 D、C、B、A，测试其逻辑功能，记录相关数据。

(2) 计数器 2 及计数器 3 接成 8421 码十进制形式，同内容(1)进行逻辑功能测试，记录相关数据。

(3) 将计数器 1、2、3 级连，进行逻辑功能测试，记录相关数据。

5. 电子秒表的整体测试

各单元电路测试正常后，按图 3.73 把几个单元电路连接起来，进行电子秒表的总体

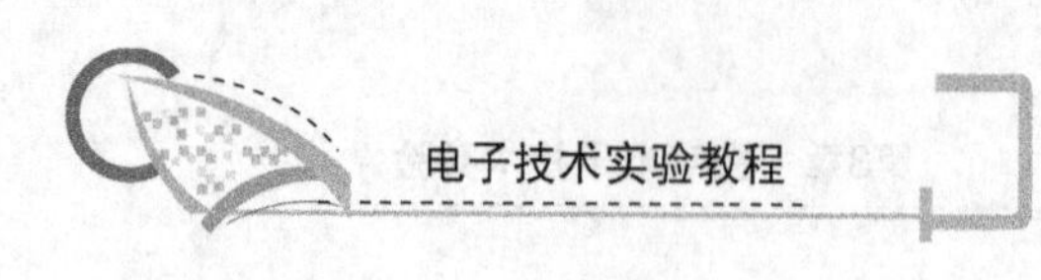

测试。

先按一下按键开关 K_2，此时电子秒表不工作，再按一下按键开关 K_1，则计数器表零后便开始计时，观察数码管显示计数情况是否正常，如不需要计时或暂停计时，按一下按键开关 K_2，计时立即停止，但数码管保留所计时之值。

6. 电子秒表准确度的测试仪

利用电子钟或手表的秒计时对电子秒表进行校准。

7. 选做实验内容

若在本实验中再增加分钟的控制，则应该如何修改电路？将设计思路用框图与电路图的形式描述出来，并进行合理有效的分析。

五、实验设备与器件

序号	仪器或器件名称	型号或规格	数量
1	数字逻辑电路实验箱	DZX-1	1
2	数字示波器	DS1052D	1
3	异步十进制加法计数器	74HC90	若干
4	定时器	NE555	若干
5	四 2 输入与非门	74HC00	若干
6	电阻、电容	根据需要	若干

六、注意事项

（1）按照设计好的电路图进行布线，注意布线技巧。

（2）注意：74HC90 是异步清零，异步置数。

（3）合理选择好清零或置数时刻。

七、思考题

除了本实验中所采用的时钟源外，选用另外两种不同类型的时钟源，可供本实验用。画出电路图，选取元器件。

参考文献

[1] 康华光．电子技术基础模拟部分[M]．5 版．北京：高等教育出版社，2006.

[2] 童诗白．模拟电子技术基础[M]．3 版．北京：高等教育出版社，2001.

[3] 康华光．电子技术基础：数字部分[M]．5 版．北京：高等教育出版社，2006.

[4] 阎石．数字电子技术基础[M]．4 版．北京：高等教育出版社，1998.

[5] 孙肖子．模拟电子电路及技术基础[M]．西安：西安电子科技大学出版社，2008.

[6] 高文焕．电子技术实验[M]．北京：清华大学出版社，2004.

[7] 侯建军．电子技术基础实验、综合设计实验与课程设计[M]．北京：高等教育出版社，2007.

[8] 路勇．电子电路实验及仿真[M]．北京：北京交通大学出版社，2004.

[9] 王小海．电子技术基础实验教程[M]．北京：高等教育出版社，2005.

[10] 陈大钦．电子技术基础实验——电子电路实验、设计及现代 EDA 技术[M]．3 版．北京：高等教育出版社，2008.

[11] 谢自美．电子线路设计·实验·测试[M]．2 版．武汉：华中科技大学出版社，2000.

[12] 孙肖子．现代电子线路和技术实验简明教程[M]．2 版．北京：高等教育出版社，2009.

[13] 何金茂．电子技术基础实验[M]．2 版．北京：高等教育出版社，2005.

[14] 李素梅．电子技术实验与实践[M]．东营：中国石油大学出版社，2007.

[15] 蒋黎红．电子技术基础 & Multisim 10 仿真[M]．北京：电子工业出版社，2010.

[16] 黄智伟．基于 Multisim 2001 的电子电路计算机仿真设计与分析[M]．北京：电子工业出版社，2006.

[17] 侯建军．数字电路实验一体化教程[M]．北京：清华大学出版社，2005.

[18] 金凤莲．模拟电子技术基础实验及课程设计[M]．北京：清华大学出版社，2009.

[19] 周晓霞．数字电子技术实验教程[M]．北京：化学工业出版社，2008.

[20] 王萍．电子技术实验教程[M]．北京：机械工业出版社，2009.

[21] 陈垠田．电子技术基础实验与实训[M]．北京：电子工业出版社，2008.

[22] 刘舜奎．电子技术实验教程[M]．厦门：厦门大学出版社，2008.

[23] 梁宗善．电子技术基础课程设计[M]．武汉：华中科技大学出版社，2009.

[24] 孙淑艳．模拟电子技术实验指导书[M]．北京：中国电力出版社，2009.

[25] 张秀娟，薛庆军．数字电子技术基础实验教程[M]．北京：北京航空航天大学出版社，2007.

[26] 许小平．数字电子技术实验与课程设计指导[M]．南京：东南大学出版社，2007.

[27] 汪一鸣．数字电子技术实验指导[M]．苏州：苏州大学出版社，2005.

[28] 丛红侠，郭振武，刘广伟．数字电子技术基础实验教程[M]．天津：南开大学，2011.

[29] 吴慎山．数字电子技术实验与教程[M]．北京：电子工业出版社，2011.

[30] 卢庆林．数字电子技术基础实验与综合训练[M]．北京：高等教育出版社，2004.

[31] 杨刚．数字电子技术基础实验[M]．北京：电子工业出版社，2004.

[32] 孙肖子．电子设计指南[M]．北京：高等教育出版社，2006.
[33] 高吉祥．基本技能训练与单元电路设计[M]．北京：电子工业出版社，2007.
[34] 青木英彦．模拟电路设计与制作[M]．北京：电子工业出版社，2005.
[35] 孙梯全，施琴．电子技术基础实验(下)：数字电子电路[M]．南京：东南大学出版社，2011.
[36] 李震梅，房永钢．电子技术实验与课程设计[M]．北京：机械工业出版社，2011.
[37] 陈大钦，罗杰．电子技术基础实验[M]．北京：高等教育出版社，2008.
[38] 段新文，李银轮．电子技术基础实验[M]．北京：科学出版社，2010.

北大社·本科电气类专业规划教材

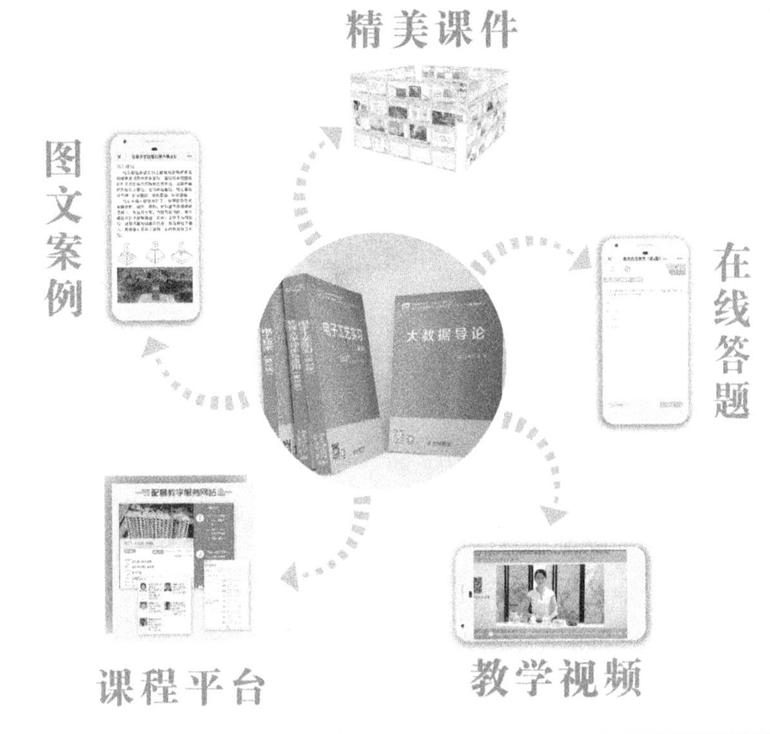

扫码进入电子书架查看更多专业教材，如需申请样书、获取配套教学资源或在使用过程中遇到任何问题，请添加客服咨询。

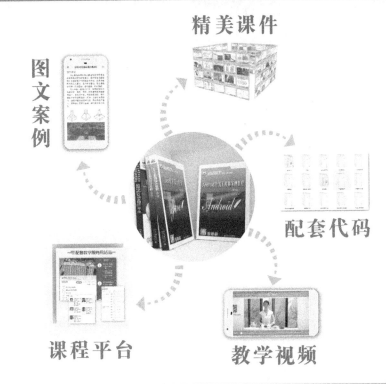